江苏省科学技术协会
江苏省能源研究会 组织编写

# 节能环保

王培红　主编

U0363469

江苏凤凰科学技术出版社
南京

图书在版编目（CIP）数据

节能环保 / 王培红主编. —南京：江苏凤凰科学
技术出版社，2020.1（2020.10重印）
（战略性新兴产业科普丛书）
ISBN 978-7-5713-0657-1

Ⅰ. ①节… Ⅱ. ①王… Ⅲ. ①节能–普及读物
②环境保护–普及读物 Ⅳ. ①TK018–49 ②X–49

中国版本图书馆CIP数据核字（2019）第257591号

战略性新兴产业科普丛书
节能环保

| 主　　　编 | 王培红 |
| --- | --- |
| 责 任 编 辑 | 孙连民 |
| 责 任 校 对 | 郝慧华 |
| 责 任 监 制 | 刘　钧 |

| 出 版 发 行 | 江苏凤凰科学技术出版社 |
| --- | --- |
| 出版社地址 | 南京市湖南路1号A楼，邮编：210009 |
| 出版社网址 | http://www.pspress.cn |
| 排　　　版 | 南京紫藤制版印务中心 |
| 印　　　刷 | 徐州绪权印刷有限公司 |

| 开　　　本 | 718 mm×1 000 mm　1/16 |
| --- | --- |
| 印　　　张 | 8.125 |
| 版　　　次 | 2020年1月第1版 |
| 印　　　次 | 2020年10月第2次印刷 |

| 标 准 书 号 | ISBN 978-7-5713-0657-1 |
| --- | --- |
| 定　　　价 | 48.00元 |

图书若有印装质量问题，可随时向我社出版科调换。

# 总　序

进入 21 世纪以来，全球科技创新进入空前密集活跃的时期，新一轮科技革命和产业变革正在重构全球创新版图、重塑全球经济结构。战略性新兴产业以重大技术突破和重大发展需求为基础，对经济社会全局和长远发展具有重大引领带动作用，是知识技术密集、物资资源消耗少、成长潜力大、综合效益好的产业，代表新一轮科技革命和产业变革的方向，是培育发展新动能、获取未来竞争新优势的关键领域。

习近平总书记深刻指出，"科学技术从来没有像今天这样深刻影响着国家前途命运，从来没有像今天这样深刻影响着人民生活福祉"，"要突出先导性和支柱性，优先培育和大力发展一批战略性新兴产业集群，构建产业体系新支柱"。江苏具备坚实的产业基础、雄厚的科教实力，近年来全省战略性新兴产业始终保持着良好的发展态势。

随着科学技术的创新和经济社会的发展，公众对前沿科技以及民生领域的科普需求不断增长。作为党和政府联系广大科技工作者的桥梁和纽带，科学技术协会更是义不容辞肩负着为科技工作者服务、为创新驱动发展服务、为提高全民科学素质服务、为党和政府科学决策服务的使命担当。

为此，江苏省科学技术协会牵头组织相关省级学会（协会）及有关专家学者，围绕"十三五"战略性新兴产业发展规划和现阶段发展情况，分别就信息通信、物联网、新能源、节能环保、人工智能、新材料、生物医药、新能源汽车、航空航天、海洋工程装备和高技术船舶等十个方面，编撰了这套《战略性新兴产业科普丛书》。丛书集科学性、知识性、趣味性于一体，力求以原创的内容、新颖的视角、活泼的形式，与广大读者分享战略性新兴产业科技知识，共同探讨战略性新兴产业发展前景。

行之力则知愈进，知之深则行愈达。希望这套丛书能加深广大群众对战略性新兴产业及相关科技知识的了解，进一步营造浓厚科学文化氛围，促进战略性新兴产业持续健康发展。更希望这套丛书能启发更多群众走进新兴产业、关心新兴产业、投身新兴产业，为推动高质量发展走在前列、加快建设"强富美高"新江苏贡献智慧和力量。

中国科学院院士

江苏省科学技术协会主席

2019 年 8 月

# 前　言

2015 年 10 月 29 日，习近平同志在党的十八届五中全会第二次全体会议上的讲话鲜明地提出了创新、协调、绿色、开放、共享的发展理念。其中，创新发展注重的是解决发展动力问题；协调发展注重的是解决发展不平衡问题；绿色发展注重的是解决人与自然和谐问题；开放发展注重的是解决发展内外联动问题；共享发展注重的是解决社会公平正义问题。

经济发展离不开能源，人民生活离不开能源，测度能源消费的两个指标分别是单位 GDP 能耗和人均能耗，我国是经济大国，也是人口大国，这两个属性决定了我国的能源消费总量巨大。

为了实现绿色发展的新理念，实现人与自然和谐发展，节能与环保必然是长期而艰巨的工作任务，但也将成为经济发展的新引擎。

节能不是不用能，节能要求高效率地使用能源。

节能是一个技术问题，有其自身的科学原理和规律，以夏日空调节能为例：我们需要关注到输出、传输和输入三个环节，输出是指空调负荷需求，包括门窗保温和温度设定值等，如果在门窗未关闭的条件下使用空调，既影响空调效果，也浪费能源；冷风在传输过程中也存在阻力和损失，经常清洗滤网无疑可以降低能耗；最后就是输入环节——空调设备选型，建议选择能效标识为 1 级或 2 级的节能型空调，在相同的空调负荷（输出）下，耗电量（输入）会大幅度下降。

节能同时也是意识问题，不合理地强调高配置、高舒适性，也会导致巨大的能源浪费，小排量汽车与大排量豪华汽车的交通能耗差距显著；小户型和超标准大户型的建筑能耗差距巨大。

环保既要治理历史遗留的存量，又要以预防为主降低增量。

2019 年 6 月，习近平同志对垃圾分类工作作出重要指示，强调培养垃圾分类的好习惯，为改善生活环境作努力，为绿色发展、可持续发展做贡献。

垃圾的种类繁多，既有纸制品、塑料制品、钢铝制品、玻璃、轮胎等可回收垃圾；也有废旧电池等有毒有害垃圾；还有大量食物残渣等餐厨垃圾。垃圾分类是其资源化利用的基础。

环保涉及的领域和学科范围广泛，既有气态、液态和固态污染物及其工农业生产和生活的来源，也涉及物理、化学、生物等多学科原理的治理方法。

本书围绕节能环保及其相关产业，从能源的生产、传输与消费，高效节能技术，先进环保技术，应对气候变化与碳减排等四个方面进行阐述。本书使用大众化语言，介绍相关的科学原理和知识，以及江苏省地方特色及其产业化发展，是公众了解节能环保科技及其相关产业发展，提升全民科学素质的良师益友。

本书写作过程中，得到东南大学能源与环境学院揭跃、车明仁、陈炜、周宏宇、王万山、刘兵兵、徐铭、叶佳威等的帮助，谨致谢忱。

《节能环保》编撰委员会

2019.8

# 《节能环保》编撰委员会

主　　编：王培红（东南大学教授、博导，江苏省能源研究会副理事长）

副 主 编：刘　莎（金陵科技学院讲师，东南大学博士、博士后）

编撰人员：车明红　揭　跃　陈　炜　周宏宇

王万山　刘兵兵　徐　铭　叶佳威

# 目　录

# 第 一 章

# 能源的生产、传输与消费

# 1. 电力能源的消费

电力是一种使用方便、高效清洁的二次能源。19世纪70年代，电力的发明和应用掀起了第二次工业化的高潮，成为人类历史上发生的最重要的科技革命之一，从此电力改变了人类的生活。20世纪出现的大规模电力系统是人类工程科学史上最重要的成就之一，它是由发电、变电、输电、配电和用电等环节组成的电力生产与消费系统，它将自然界的一次能源通过大规模能量转换装置转化成电力，再经输电、变电和配电设备将电力供应到各终端用户。

我国电力消费主要集中在工业领域，有许多工业大户都是用电大户。同时，居民用电也是电力消费的重要市场（图1-1）。

图1-1　居民用电是电力消费的重要市场

# 2. 热（冷）能源的消费

图1-2　空调的使用

我国热能消费包括工业供热和生活用热。例如，在北方地区，冬季会进行建筑物的集中供热；而对于工业企业，主要用于满足工业生产与制造中热需求。

我国冷能消费也分为工业生产与生活消费两大类。生活消费指的是在夏季利用空调等设备进行室内制冷（图1-2），而工业生产则是利用冷能进行深冷加工和冷链存储等。

## 3. 天然气能源的消费

根据国家统计局数据，2010~2016年我国天然气探明储量呈现逐步上升的趋势，从2010年的3.8万亿立方米上升至2016年的5.4万亿立方米，年复合增长率为7.02%。然而，2017年我国天然气探明储量在全球的占比仅有2.8%。2007~2017年，我国天然气的产量和消费量保持持续增长的趋势，天然气消费量的增速远高于天然气产量的增速，我国天然气需求缺口呈现逐步扩大的趋势。

2007~2017年我国天然气生产量的复合增长率为7.89%，我国天然气消费量的复合增长率为12.96%。根据国家统计局数据，2017年，我国天然气进口量与国内产量之比为0.6：1，对外依存度偏高。

近年来，受国内天然气需求拉动，我国天然气进口量高速增长。进口天然气又分为进口管道天然气以及进口液化天然气。2017年，我国管道天然气进口量为394亿立方米，进口量同比增长3.68%；液化天然气进口量为526亿立方米，同比增长53.35%。我国进口管道天然气主要来自土库曼斯坦、缅甸、乌兹别克斯坦、哈萨克斯坦等国家。我国进口液化天然气主要来自澳大利亚、卡塔尔、马来西亚和印度尼西亚等国家。由于国产天然气和进口管道天然气难以在短时间内快速提升供给，后续进口液化天然气将作为我国天然气消费的保供主力。

天然气产业链可以分为上游天然气勘探开采、中游仓储运输以及下游分销应用。上游主要是对天然气进行勘探和开采，国内主要由中石油、中石化和中海油实施。中游仓储运输主要包括长距离管道运输、液化天然气船舶或槽车运输、液化天然气接收站、储气库等。下游主要是天然气的分销应用，向终端用户或燃气分销商销售天然气。

## 4. 石油制品的消费

2017年，中国成品油消费恢复增长，全年消费量3.22亿吨，同比增长

2%，较2016年增加3个百分点，但增速呈现出少见的汽降柴升。其中，汽油消费量1.22亿吨，同比增长 2.03%，降至2006年以来的最低点，而柴油消费量1.67亿吨，增速 1.24%，同比提高6个百分点（图1-3）。

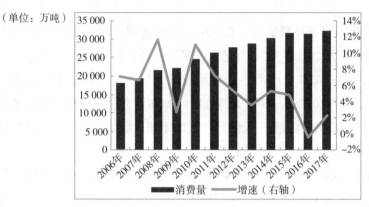

（单位：万吨）

图1-3　石油制品消费

燃油乘用车销量增速显著下降是导致汽油消费下降的主要原因。汽油消费主要受燃油乘用车市场的规模和结构影响。2017年燃油乘用车市场形势急剧转弱，汽油车总销量2 393万辆，同比仅增长0.64%，较2016年增速同比下降13.7个百分点。

新能源汽车持续高速发展抑制了汽油需求增长。 2017年，国内新能源汽车累计销量为76.8万辆，同比增长53.0%；纯电动车销量122万辆，同比增长70.2%。2017年9月，工信部等五部委发布《乘用车企业平均燃料消耗量与新能源汽车积分并行管理办法》，将限制大型车企对传统燃油车的过度生产，鼓励新能源汽车加速普及化。

# 5. 煤炭能源的消费

煤炭是世界上储量最多、分布最广的常规能源，也是最廉价的能源。资料数据表明，中国煤炭探明可采储量应在2 000亿吨以上，资源量可达3万亿吨。其中，无烟煤和烟煤5 094.91亿吨，次烟煤和褐煤4 747.20亿吨。

中国是全球煤炭市场的主要参与者，中国经济正处于结构转型期，煤炭需求将逐渐下降。中国煤炭消费量将呈现平均每年不到1%的结构性下降，将由2016年的38.7亿吨减少到2023年的37.7亿吨，年均下降0.5％。据统计，我国煤炭需求曾在2013年达到峰值42.4亿吨。2014年~2016年，煤炭消费量连续3年下降。

需要关注的是，煤炭占一次能源消费的比重已经逐步下降。2018年，煤炭在中国一次能源消费结构中占比约59％，较2017年下降1.4个百分点，这是自2011年煤炭占比高达70.2％以来的持续下降（图1-4）。

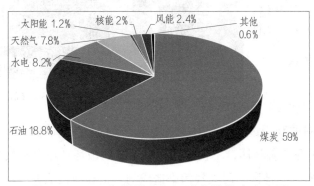

图1-4　2018年煤炭在能源消费结构中占比图

同时，应当看到：从资源的可靠性、价格的低廉性、利用的可洁净性等方面综合考虑，在今后一个较长时期内，煤炭作为我国主体能源的地位和作用仍难改变。

# 6. 常规能源发电

常规能源也叫传统能源，是指已经大规模生产和广泛利用的能源。煤炭、石油、天然气等都属于自然存在的一次能源，也是不可再生的常规能源。新能源是指在新技术基础上系统地开发利用的能源，如太阳能、风能、海洋能、地热能等，与常规能源相比，新能源生产规模较小，受自然条件影响大。常规能源与新能源的划分是相对的。以核能为例，20世纪50年代初开始把它用来生产电力时，被认为是一种新能源。到20世纪80年代世界上一些国家已把它列为常规能源，但由于其运行安全与核废料处置等问题，大多数国家依然将其归为新能源。太阳能和风能被利用的历史比核能要早许多世纪，由于还需要通过系统研究和开发才能提高利用效率，扩大应用规模，所以还是把它们列入新能源。

任何一种能源的开发利用都会给环境造成一定的影响。以化石燃料为代表的常规能源造成的环境问题尤为严重（图1-5），主要表现在以下方面。

图1-5　燃煤发电常带来环境问题

（1）大气污染

化石燃料的利用过程会产生一氧化碳（CO）、二氧化硫（$SO_2$）、氮氧化物（$NO_x$）等有害气体，不仅导致生态系统的破坏，还会直接损害人体健康。在很多国家和地区，因大气污染造成的直接和间接损失已经相当严重，如欧盟每年损失超过100亿美元，我国也损失高达120亿元人民币。

（2）温室效应

大气中二氧化碳（$CO_2$）的浓度增加一倍，地球表面的平均温度将上升1.5~3℃，在极地可能会上升6~8℃，结果可能导致海平面上升20~140 cm，将给许多国家造成严重的经济和社会影响。由于大量化石燃料的燃烧，大气中$CO_2$浓度不断增加，每100万大气单位中的$CO_2$数量，在工业革命前为280个单位，到1988年为349个单位，现在还要更高。

（3）酸雨

化石燃料燃烧产生的大量$SO_2$、$NO_x$等污染物，通过大气传输，在一定条件下形成大面积酸雨，改变酸雨覆盖区的土壤性质，危害农作物和森林生态系统，改变湖泊水库的酸度，破坏水生态系统，腐蚀材料，造成重大经济损失。酸雨还导致地区气候改变，造成难以估量的后果。

若再考虑能源开采、运输和加工过程中的不良影响，则损失将更为严重。平均每开采1万吨煤，可能造成2 000平方米土地塌陷。全球平均每年塌陷的土地超过200平方千米。

核能的利用虽然不会产生上述污染物，但也存在核废料问题。世界范围内的核能利用，将产生成千上万吨的核废料。如果不能妥善处理，放射性的危害或风险将持续几百年。

# 7. 可再生能源发电

可再生能源是指风能（图1-6）、太阳能、水能、生物质能、地热能、海洋能等非化石能源，是取之不尽、用之不竭的能源，相对于不可再生的常规能源，对环境无害或危害极小，而且资源分布广泛，适宜就地开发利用。

图1-6　风电站

自从工业革命开始以来，部分发达国家就已经意识到可再生能源的重要性，积极发展可再生能源发电技术，如风电从1990年来即每年以30%的速度增长，至2010年底全球装机容量已达175吉瓦。以德国为例，可再生能源发电量从1990年占全部发电量约3.1%，发展至2010年底的17%，到了2019年上半年，可再生能源的发电占比达到了44%。

为促进清洁能源持续健康发展，国家发展与改革委员会2015年10月下发通知，明确在甘肃省和内蒙古自治区部分地区开展可再生能源就近消纳试点，以可再生能源为主、传统能源调峰配合为辅，降低用电成本，形成竞争优势，促使可再生能源和当地经济社会发展形成良性循环。

为"明确在可再生能源富集地区率先开展可再生能源就近消纳试点，为其他地区积累经验，是努力解决当前严重弃风、弃光现象的大胆探索，是电力市场化改革背景下促进可再生能源发展的机制创新"。为此，通知要求试点必须有效解决局部地区较为严重的弃风、弃光问题。试点方案应结合地方特点，允许大胆探索，只要政策不违反法律法规，不影响电力安全稳定运行，又有利于实现就近消纳，就可以试行，通过实践检验政策的可行性和有效性。

通知还提出，通过建立优先发电权，提出可再生能源发电的年度安排原则，实施优先发电权交易，并在调度中落实，努力实现规划内的可再生能源全额保障性收购。建立利益补偿机制，鼓励燃煤发电对可再生能源发电进行调节。

# 8. 核能发电

核能发电是利用核反应堆中核裂变所释放出的热能进行发电的方式（图1-7）。

核能发电优点：

（1）污染低

核能发电的方式是：利用核反应堆中核裂变所释放出的热能进行发电。核能发电不会排放巨量的污染物质到大气中，不会造成空气污染。

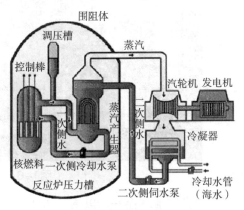

图1-7 核电发电原理

尤其是同火电相比，核能发电不会产生地球温室效应的"罪魁祸首"——二氧化碳。核电站设置了层层屏障，基本上不排放污染环境的物质，就是放射性污染也比烧煤电站少得多。

（2）能量密度高

世界上有比较丰富的核资源，核燃料有铀、钍等。由于其能量密度高，地球上可供开发的核燃料资源、可提供的能量是化石燃料的十多万倍。

（3）运输方便、成本低

核燃料能量密度比起化石燃料高上几百万倍，故核能电厂所使用的燃料体积小，运输与储存都很方便。

核能发电缺点：

（1）核废料处理需严谨

使用过的核燃料，虽然所占体积不大，但因具有放射性，因此必须慎重处理。一旦处理不当，就很可能对环境产生致命的影响。核废料的放射性不能用一般的物理、化学和生物方法消除，只能靠放射性核素自身的衰变而减少。核废料放出的射线通过物质时，产生电离和激发作用，对生物体会引起辐射损伤。

（2）热污染

核能发电热效率较低，因而比一般化石燃料电厂排放更多废热到环境中，故核能电厂的热污染较严重。

（3）核能发电被认为存在安全风险

核裂变必须由人通过一定装置进行控制。一旦失去控制，裂变能不仅不能用于发电，还会酿成灾害。

# 9. 蒸汽（热水）能源的生产

热能由于载能工质的不同，分为热水和蒸汽两种。热水是由温度较低的水经过加热，温度升高至一定温度后得到的。在一定压力下，对热水继续加热可以产生蒸汽。蒸汽的生成一般经过预热、汽化和过热三个阶段。在预热阶段，水的温度不断升高，达到某一温度时，水开始汽化，此后对水加热水温不再升高，水内部和水表面迅速汽化，产生大量蒸汽。水沸腾的温度叫作沸点，常压下，水的沸点为100 ℃。沸点随外界压力变化而改变，压力降低，沸点也会变低。达到沸点后继续加热可以产生过热蒸汽（图1-8）。

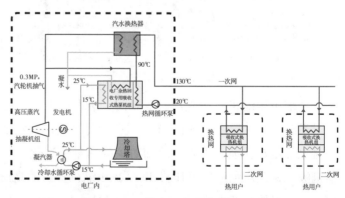

图1-8 电厂蒸汽（热水）供热示意图

蒸汽（热水）大多为
水在工业锅炉中吸收化石燃
料燃烧放出的热量后迅速升
温、汽化再升温得到，也可
能是来源于地底深处经高温
岩浆加热的地下水或蒸汽
（图1-9）。压力和温度较
高的蒸汽可用作汽轮机的动
力来源，用于驱动汽轮机做

图1-9　地热水资源

功，从而生产电力；温度相对较低的蒸汽（热水）可用于向居民住宅供热，
作为室内保暖的热源。

# 10. 压缩式制冷与吸收式制冷

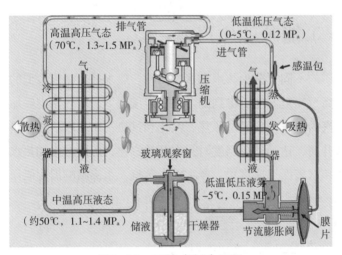

图1-10　压缩式制冷原理

制冷过程在原
理上都是通过制冷
剂的状态变化来吸
收被冷却物体或空
间的热量，达到制
冷的目的，压缩式
制冷与吸收式制冷
是常见的两种制冷
方式。

压缩式制冷是
利用电制冷的方
式，系统由压缩机、冷凝器、膨胀阀、蒸发器组成，通过管道连接成一个
密封系统。制冷原理（图1-10）：① 制冷剂液体在蒸发器内以低温与被冷
却对象发生热交换，吸收被冷却对象的热量并汽化，产生的低压蒸汽被压
缩机吸入，经压缩后以高压排出。② 压缩机排出的高压气态制冷剂进冷凝
器，被常温的冷却水或空气冷却，凝结成高压液体。③ 高压液体流经过膨

胀阀时节流，变成低压低温的气液两相混合物，进入蒸发器，其中的液态制冷剂在蒸发器中蒸发制冷，产生的低压蒸汽再次被压缩机吸入。如此周而复始，不断循环。在实际应用中，压缩式制冷方式的效率高、工艺成熟、可靠性较好，因此压缩式制冷机是得到最广泛应用的制冷机，目前，世界上生产的电冰箱90%以上是采用这种制冷方式的。

吸收式制冷机是利用热制冷的方式（图1–11）。吸收式制冷机内采用的工质是由低沸点物质和高沸点物质组成的工质对。其中低沸点物质作为制冷剂，高沸点物质作为吸收剂。吸收剂是液体，它对制冷剂有很强的吸收能力。吸收剂吸收了制冷剂气体后形成溶液。溶液加

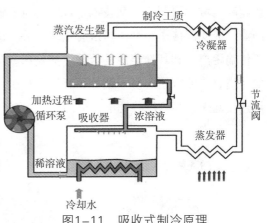

图1–11　吸收式制冷原理

热又能放出制冷剂气体。因此，我们可以用溶液回路取代压缩机的作用，构成蒸汽吸收式制冷循环。吸收式制冷系统是由发生器、冷凝器、制冷节流阀、蒸发器、吸收器、溶液节流阀、溶液热交换器和溶液泵组成。整个系统包括两个回路：一个是制冷剂回路，一个是溶液回路。

制冷剂回路由冷凝器、制冷剂节流阀、蒸发器组成。高压制冷剂气体在冷凝器中冷凝，产生的高压制冷剂液体经节流后到蒸发器蒸发制冷。溶液回路由发生器、吸收器、溶液节流阀、溶液热交换器和溶液泵组成。在吸收器中，吸收剂吸收来自蒸发器的低压制冷剂气体，形成富含制冷剂的溶液，将该溶液用泵送到发生器，经过加热使溶液中的制冷剂重新蒸发出来，送入冷凝器。另一方面，发生后的溶液重新恢复到原来的成分，经冷却、节流后成为具有吸收能力的吸收液，进入吸收器，吸收来自蒸发器的低压制冷剂蒸汽。如此周而复始，不断循环。

# 11. 电力的传输

电力的传输（图1-12），是电力系统最主要的功能。通过输电网（以下简称电网），把相距甚远的发电厂和电力用户联系起来，使电能的开发和利用超越地域的限制。早期技术不成熟时电能输送多采用直流输电，而后期逐渐演变成交流传送。交流传送有很多优势，减少了电力输送中的损耗，提高了传输距离。和其他能源的传输（如输煤、输油等）相比，输电的损耗小、效益高、灵活方便、易于调控、环境污染少；电网还可以将不同地点的发电厂连接起来，实行峰谷调节。电网已成为现代社会中的能源大动脉。

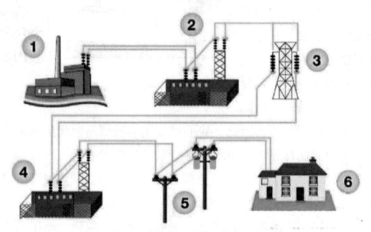

图1-12　输电网络示意图
1. 发电厂　2. 变电站　3. 传输网　4. 变电站
5. 配电网　6. 住宅或企业

电力传输的载体为输电线路，输电线路按结构形式不同，可分为架空输电线路和地下输电线路。前者由线路杆塔、导线、绝缘子等构成，架设在地面上；后者主要用电缆，敷设在地下（或水下）。电力的传输通过输配电网络实现，输配电网络是一种连接供应端与用户端的供电网络，主要由以下三大部分组成：① 发电系统，包括各式发电厂，比如，火力发电厂、水力发电厂、太阳能发电厂、风力发电厂、核能发电厂。② 输电系统，从发电厂开始，到输电网络。③ 配电系统，从输电网络开始，到市电线路。

输电网根据电压等级不同，可分为：① 特高压输电网（1 000千伏及以上）。② 超高压输电网（330~750千伏）。③ 高压输电网（220千伏）。配电网根据电压等级不同，可分为：① 高压配电网（35~110千伏）。② 中压配电网（10 千伏）。③ 低压配电网（380/220 伏）。我国早年沿用苏联的供电模式，低压供电线路中，动力电压 为380伏，频率为50赫兹，居民生活用电的市电电压为220伏，频率为50赫兹。而欧洲以及北美等一些国家和地区的市电供应，一般为民用110伏，频率为60赫兹，工业用电为480伏，频率为60赫兹。

## 12. 热水供热网络

热能输送一般都通过热网完成，以热水作为热媒的供热管路称为热水供热网络。热水供热网络（图1-13）一般由供水管、回水管、换热设备以及相应的各种阀门和泵组成。热水从锅炉房、直燃机房、供热中心等热源出发，经供水管通往用户。以冬季室内供暖为例，热水经换热设备向室内供热，其回水经回水管返回热源，如此循环。在此过程中，水的流动由水泵驱动，因为水泵可以产生很大的压力，所以这种供热网络的供暖范围可以很大。

根据热媒参数的不同，热网可分为低温热水（供水温度低于100 ℃）热网和高温热水热网。

低温热水热网：供水温度95 ℃，回水温度70 ℃，常采用直供式。

高温热水热网：供水温度115~150 ℃，回水温度70~90 ℃。

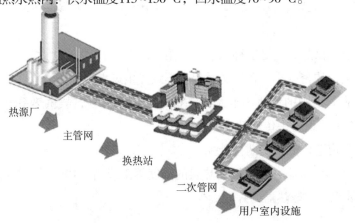

热源厂
主管网
换热站
二次管网
用户室内设施

图1-13 热水供热网络示意图

# 13. 蒸汽供热网络

蒸汽供热系统是一种以蒸汽形态供热的系统，具体指城市集中供热系统中以蒸汽的形态，从热源携带热量，经过热网送至用户（图1-14）。蒸汽供热网络靠蒸汽本身的压力输送，经蒸汽管道进入用户换热设备，放热后，

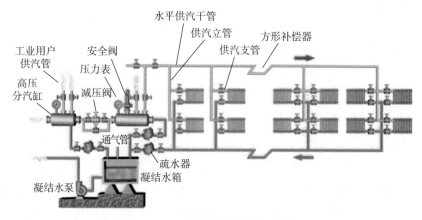

图1-14　蒸汽供热管道示意图

凝结成水经由凝结水管流入凝结水箱，然后由凝结水泵送入锅炉重新加热产生蒸汽。蒸汽管道每千米压降约为0.1兆帕，国内热电厂所供蒸汽的参数多为0.8～1.3兆帕，供热距离一般在3～4千米以内。蒸汽供热网络具有以下优点：

① 蒸汽供热易满足多种工艺生产用热的需要。

② 蒸汽的密度小，在输送过程中不致产生过大的静压力。

③ 在管道中的流速比水大，一般为25～40米/秒，故供热系统易于迅速启动；在换热设备中传热效率较高。

④ 管道造价低，初期投资少。

⑤ 散热设备小，散热器内热媒的温度等于或高于100℃，因此，散热器传热系数也高，散热器的片数更少。

# 14. 天然气的生产与传输（含LNG）

自从1998年以来，在塔里木盆地、鄂尔多斯盆地、四川盆地相继发现的特大型气田开启了中国的天然气时代。中国的陆上气田已探明地质储量超过陆海气田总储量的90%以上。

天然气指的是以气态形式存在于地下岩石储集层的比较轻的烃类物质。来自气井的天然气叫气井气，来自油井从石油中分离出来的天然气叫伴生气。同石油一样，天然气埋藏在地下封闭的地质构造之中，有些和石油储藏在同一层位，有些单独存在。由于天然气密度小，为0.75 ~ 0.8千克/立方米，井筒气柱对井底的压力小；天然气黏度小，在地层和管道中的流动阻力也小；又由于其膨胀系数大，天然气开采时一般采用自喷方式（图1-15）。这和自喷采油方式基本一样，不过因为气井压力一般较高，加上天然气属于易燃易爆气体，对采气井口装置的承压能力和密封性能比采油井口的装置要求要高得多。

图1-15 天然气开采图

天然气一般通过管道进行传输。天然气管道是指将天然气（包括油田生产的伴生气）从开采地或处理厂输送到城市配气中心或工业企业用户的管道，又称输气管道。

液化天然气（Liquefied Natural Gas，简称LNG），主要成分是甲烷，被公认是地球上最干净的化石能源，无色、无味、无毒且无腐蚀性，其体积约为同量气态天然气体积的1/625，液化天然气的质量仅为同体积水的45%左右。其制造过程是先将气田生产的天然气净化处理，经一连串超低温液化后，利用液化天然气船运送。液化天然气燃烧后对空气污染非常小，而且放出的热量大，所以液化天然气是一种比较先进的能源。

液化天然气是天然气经压缩、冷却至其沸点（-161.5 ℃）温度后变成液体，通常液化天然气储存在-161.5℃、0.1兆帕左右的低温储存罐内。其主要成分为甲烷，用专用船或油罐车运输，使用时重新气化。

# 15. 石油的生产与传输

石油生产的主要流程包括地质勘探（选址，确认油田位置）、物探（运用地震波理论获取石油具体资料）、钻井（在预先选定的地表位置处向下或向一侧钻孔并钻达地下油气层）、录井（获取更加详尽的地下信息）、测井（利用岩层的电化学特性、导电特性、声学特性、放射性等地球物理特性测量地球物理参数）、固井（加固井壁，保证继续安全钻进）、完井（在井底建立油气层与油气井井筒之间的合理联通渠道或联通方式）、射孔（建立地层与井筒之间的联通，使流体能够进入井筒，从而实现油气井的正常生产）、采油（自喷采油、机械采油等）、运输及加工等环节（图1-16）。

图1-16 石油开采

开采出的石油通常有两种运输方式：① 陆上运输：主要采取管道运输。管道运输时效性好，可以不受白天黑夜和天气的限制，但是灵活性差。② 海上运输：通过海运，采用大型油轮等运输方式，海运运费低、运量大，但运输的时间较长。

# 16. 煤炭的生产与传输

由于煤炭资源的埋藏深度不同，采煤主要采用矿井开采（埋藏较深）和露天开采（埋藏较浅）两种方式。

（1）露天开采

移去煤层上面的表土和岩石（覆盖层），开采显露的煤层。这种采煤方法，习惯上叫剥离法开采，这是因为露出地面的煤已开采殆尽，有必要剥离表土，使煤层显露出来。此法在煤层埋藏不深的地方应用最为合适，许多现代化露天矿使用设备足以剥除厚达60余米的覆盖层。在欧洲，褐煤矿广泛用露天开采，在美国，大部分无烟煤和褐煤亦用此法。露天开采用于地形平坦，矿层作水平延展，能进行大范围剥离的矿区最为经济。当矿床地形起伏或多山时，采用沿等高线剥离法建立台阶，其一侧是山坡，另一侧几乎是垂直的峭壁。可露天开采的资源量在总资源量中的比重大小，是衡量开采条件优劣的重要指标，我国可露天开采的储量仅占7.5%，其中内蒙古霍林河煤矿是我国最大的露天矿区。美国为32%，澳大利亚为35%。露天开采使地面受到损害或彻底的破坏，应采取措施，重新恢复地面。美国有几个州和联邦政府的法律规定了恢复土地的措施，现在许多采掘企业已自愿执行这些规定。

（2）矿井开采

对埋藏过深不适于用露天开采的煤层，可用3种方法取得通向煤层的通道，即竖井、斜井、平硐。竖井是一种从地面开掘以提供到达某一煤层或某几个煤层通道的垂直井。从一个煤层下掘到另一个煤层的竖井称盲井。在井下，开采出的煤倒入竖井旁侧位

图1-17 矿井开采

于煤层水平以下的煤仓中，再装入竖井箕斗从井下提升上来（图1-17）。

矿井开采条件的好坏与煤矿中含瓦斯的多少成反比，我国煤矿中含瓦斯比例高，高瓦斯和有瓦斯突出的矿井占40%以上。我国采煤以矿井开采为主，如山西、山东、徐州及东北地区大多数采用这一开采方式。

煤炭运输，是指煤炭经开采出来后依靠铁路、公路、沿海和内河水运等方式将合格煤炭输送至目的地，包括港口、发电厂及锅炉房等。煤炭的运输方式包括铁路、水路和公路，或单方式直达运输，或铁路、公路、水路多式联运。

# 17. 储能与可再生能源消纳

可再生能源发电总量及占比不断提高。截至2017年底我国可再生能源发电装机总量达到6.5亿千瓦，其中，水电装机3.4亿千瓦，风电装机1.8亿千瓦，光伏发电装机1.3亿千瓦，可再生能源发电装机约占全部电力装机的36.6%。同时，可再生能源发电量在总发电量占比逐年提高，2017年可再生能源发电量达1.7万亿千瓦时，占全部发电量的26.4%。

目前弃风、弃光和弃水等问题掣肘可再生能源的进一步发展。由于可再生能源发电的发电量受季节和天气条件的影响而波动性较大，且与稳定的用电需求不完全匹配，容易导致电网频率波动较大。为满足用户侧负荷的需求，并减少电网频率波动，导致弃风、弃光和弃水现象的发生，并提高可再生能源利用率。2017年，全国弃风、弃光损失电量分别达到419亿千瓦时和73亿千瓦时，弃风率12%、弃光率6%。2017年政府工作报告中首次提出要有效缓解弃风、弃光、弃水状况；11月发改委、国家能源局发布《解决弃水弃风弃光问题实施方案》，要求到2020年在全国范围内有效解决弃风、弃光、弃水问题。

储能系统有助于解决可再生能源的消纳问题。储能系统的引入可以为风电和光伏电站接入电网提供一定的缓冲，起到平滑风光发电出力和改善能量调度的作用；还可以在相当程度上改善新能源发电功率不稳定性，从而改善电能质量、提升新能源发电的可预测性，提高其利用率。2017年10月11日，国家发改委、财政部、科技部、工信部、能源局联合下发了储能领域首个行业政策《关于促进我国储能技术与产业发展的指导意见》，明确提出要推进储能提升可再生能源利用水平，鼓励可再生能源场站合理配置储能系统，推动储能系统与可再生能源协调运行，研究建立可再生能源场站侧储能补偿机制，支持多种储能促进可再生能源消纳。

目前，国内已经有大量风光储电站示范项目投入使用（图1-18）。以

图1-18 风光储电站

张家口风光储示范工程为例，通过风光储的6种发电方式与风光功率平滑处理、跟踪计划、系统调频、削峰填谷4种调度方案的结合，为大规模储能系统在新能源发电领域的深入推广提供了良好借鉴。截至2017年底国内集中式光伏电站装机量约1.01亿千瓦，风电装机量约1.64亿千瓦，假设配套10%储能装置，将带来0.265亿千瓦储能装机量需求量；并且随着新能源装机量的不断提升，储能市场空间将持续增大。

## 18. 储热的形式有哪些

储热是储能的一种，其原理是利用储热介质进行热量的存储和释放。目前国际上应用较多、技术较成熟的主要是熔融盐储热，它与电化学储能相比，其大规模热储能应用的历史更长，范围也更为广泛。

储热有显热储热、潜热储热和化学反应储热等多种形式，但在工程和日常生活中使用的主要是显热储热和潜热储热两种。

显热储热是通过储热介质的温度升高来储存热量、利用储热介质的温度降低来释放热量。水和卵石均为常用的储热材料，水的热容量（定容比热与体积的乘积）是同样体积石块的3倍，因此，大部分热水罐具有储热能力。日常生活中，太阳能热水器水箱就是显热储热的典型产品。

潜热储热是利用材料由固态熔化为液态时需要大量熔解热的特性来吸收储存热量，当热量释放后介质回到固态，相变反复循环形成贮存、释放热量的过程。塔式太阳能热发电系统中，通常使用的熔融盐储热是一种潜热储热的应用。热量存储和释放过程中温度不变或变化很小是潜热储热的主要特点。

我国的熔融盐储热应用还相对较少，截至2016年底，仅有青海投运的10兆瓦熔融盐储热项目。

在可再生能源消纳、清洁能源取暖等方面，储热无疑更具优势。首先，储热的容量要比电化学储能大很多；其次，储热的成本相对较低，目前商业化储热产品的成本可以低到和燃煤锅炉供热基本相当，比天然气低50%。此外，储热设备的寿命周期很长，其使用寿命可达三十年。

未来，我国可再生能源发电装机比重将日益增大，可再生能源发电消纳难、出力不稳定、波动性大等问题也将进一步加剧。在利用储能解决这些问题时，电化学储能由于其成本高、容量小，投资效益不明显。相比之下，热储能成本低、容量大、环保无污染，无疑更具优势。

在燃煤热电联产机组灵活性改造中，储热罐（图1-19）成为热电联产机组热电解耦的一项成熟的应用技术。

图1-19　大型储热罐

# 19. 电储能的形式有哪些

电储能除了常用的电池储能外，还包括超导磁储能、超级电容器储能。

（1）超导磁储能

超导磁储能系统（SMES）利用超导体制成的线圈储存磁场能量，具有快速电磁响应特性和很高的储能效率。超导磁储能可以满足输配电网电压支撑、功率补偿、频率调整、提高系统稳定性和功率输送能力等需求。它和其他储能技术相比，该技术仍很昂贵，除了超导本身的费用外，维持低温所需要的费用也相当可观。目前，在世界范围内有许多超导磁储能工程正在进行或者处于研制阶段。

（2）超级电容器储能

与常规电容器相比，超级电容器具有更高的介电常数、更大的表面积或者更高的耐压能力。超级电容器价格较为昂贵，在电力系统中多用于短时间、大功率的负载平滑和电能质量高峰值功率场合，如大功率直流电机的启动支撑、动态电压恢复器等，在电压跌落和瞬态干扰期间提高供电水平。超级电容器历经数十年的发展，储能系统最大储能量达到30兆焦。目前，基于活性炭双层电极与锂离子插入式电极的第四代超级电容器正在开发中。

图1-20　电储能电池

# 20. 机械能储能有哪些

机械能储能包括抽水蓄能、压缩空气储能和飞轮储能。

（1）抽水蓄能

抽水蓄能最早于19世纪90年代在意大利和瑞士得到应用，目前，全世界共有超过90吉瓦的抽水蓄能机组投入运行。抽水蓄能电站在凌晨用电低谷期，利用水泵将水提升至高位水库；在白天用电高峰期，释放水库存水经水轮机发电。其主要应用包括调峰填谷、调频、调相、紧急事故备用、黑启动和提供系统的备用容量，还可以提高系统中火电站和核电站的运行效率。从技术层面讲，抽水蓄能电站的关键在于如何实现电能与高水位势能间的快速转换，抽水蓄能机组的设计和制造是关键。机组正朝着高水头、高转速、大容量方向发展。今后的重点将着眼于运行的可靠性和稳定性，立足于对振动、空蚀、变形、止水和磁特性的研究，在水头变幅不大和供电质量要求较高的情况下使用连续调速机组，实现自动频率控制。提高机电设备可靠性和自动化水平，建立统一调度机制以推广集中监控和无人化管理，并结合各国国情开展海水和地下式抽水蓄能电站关键技术的研究。

（2）压缩空气储能

压缩空气储能电站（CAES）是一种调峰用燃气轮机发电厂，主要利用电网负荷低谷时的剩余电力压缩空气，并将其储藏在大约7.5兆帕的高压密封设施内，在用电高峰释放出来驱动燃气轮机发电。对于同样的输出，它消耗的燃气要比常规燃气轮机少40%。压缩空气储能电站建设投资和发电成本均低于抽水蓄能电站，但其能量密度低，并受岩层等地质条件的限制。压缩空气储能电站可以冷启动、黑启动，响应速度快，主要用于峰谷电能回收调节、平衡负荷、频率调制、分布式储能和发电系统备用。压缩空气常常储存在合适的地下矿井或者岩洞下的洞穴中。第一个投入商业运行的压缩空气储能电站是1978年建于德国Hundorf的一台290兆瓦机组。目前美国GE公司正在开发容量为829兆帕的更为先进的压缩空气储能电站，此外，俄罗斯、法国、意大利、卢森堡、以色列和我国也在积极开发和建设这种电站。随着分布式能源系统的发展以及减小储气库容积和提高储气压力至10~15兆帕的需要，8~12兆瓦微型压缩空气储能系统成为关注焦点。

（3）飞轮储能

大多数飞轮储能系统是由一个圆柱形旋转质量块和通过磁悬浮轴承支撑的机构组成，飞轮系统运行于真空度较高的环境中，飞轮与电动机或发电机相连，其特点是没有摩擦损耗、风阻小、寿命长、对环境没有影响，几乎不需要维护。在低谷负荷时，飞轮储能系统由电网提供电能，带动飞轮高速旋转，以动能的形式储存能量；在高峰负荷时，高速旋转的飞轮作为原动机拖动电动机发电，经功率变换器输出电流和电压，完成机械能—电能的转换。飞轮具有优秀的循环使用以及负荷跟踪性能，它主要用于不间断电源/应急电源、电网调峰和频率控制。机械式飞轮系统已成系列产品。

# 21. 能源供需体系的演变

自人类进入近代工业社会以来，能源供给结构调整共有三次：① 18世纪下半叶英国产业革命以后，由传统的薪柴能源迅速转向以煤为主的能源结构，直到20世纪初煤炭在工业国家能源构成中的比例达95%，由此推动了资本主义工业的发展。② 19世纪末，由于电力、钢铁工业、铁路技术、汽车和内燃机技术的发展，煤炭作为主要能源已越来越不适应生产的需要。从20世纪初以后，石油迅速登上能源舞台，至70年代初石油占能源构成的50%。③ 因为煤、石油、天然气等储量有限，不可能满足人类不断增长的能源需求，特别是国家的工业化使用这些常规能源引起的环境污染日益严重，造成对人类生存的极大威胁，由此迫使人们必须遏制常规能源的消耗，转向建立以可再生能源等新能源为主体的持久能源体系。

　　第三次世界范围的能源结构（图1-21）大调整，标志着人类文明由向自然索取进入到回归自然的一种观念上的飞跃。在21世纪前50年内，世界能源的结构仍将以化石燃料为主。随着石油、天然气资源的日渐短缺和洁净煤等新能源技术的进一步发展，新能源的重要性和地位还会逐渐提升。根据我国资源状况和煤炭在能源生产及消费结构中的比例，新能源占比不断增长的能源结构在相当长一段时间内不会改变。

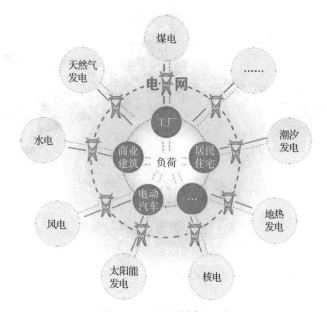

图1-21　能源结构示意

　　我国能源资源的基本特点（富煤、贫油、少气）决定了煤炭在一次能源中的重要地位。我国煤炭资源总量为5.6万亿吨，其中已探明储量为1万亿吨，占世界总储量的11%。专家预测，在21世纪前30年内，煤炭在我国一次能源构成中仍将占主体地位。我国煤炭资源总量远远超过石油和天然气资源；随着高新技术的推广应用，煤炭生产成本正在并将继续降低；洁净煤等新能源技术已取得重大突破，这都将使新能源成为廉价、洁净、可靠的能源。

# 22. 复合能源网络——多能互补

由于成本下降，以及便利性、清洁性等优势，清洁的可再生能源发电将在未来电力领域中快速增长。与此同时，单一能源品种的利用方式已受到多方掣肘，在未来发展过程中，建设多种能源有机整合、集成互补的复合能源网络体系正成为大趋势（图1-22）。

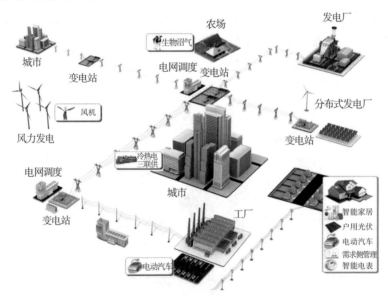

图1-22 复合能源网络示意

光伏、风电先天具有一定的间歇性，需要与其他类型能源叠加互补。当前，以光伏和风电为代表的可再生能源的发电成本已经降低到了可以和化石能源发电进行竞争的状态。过去5年，我国燃煤发电的比例降低了7.5%，未来5年，这一下降速度将更加明显。多种能源协同互补的复合能源系统成为未来的发展趋势。此外，在多能互补的系统中，与光伏、风电等成熟可再生能源发电相比，生物质能、氢能、光热能等可再生能源应用方式则期待获得更多的关注。

## 23. 智慧＋能源——综合能源服务

随着分布式可再生能源发电系统、电动汽车电池储能系统以及冷热电三联供分布式能源系统的推广和应用，能源系统和能源服务发生了根本性的变化，主要表现在以下几个方面：一是能源供应系统中供能与用能之间的界限趋于模糊；二是多种能源形式、多种供能网络的联合互补供能具有更高的灵活性和经济性；三是各类能源的供需之间的柔性协调可以有效地改善供能质量。

针对上述变化，综合能源服务成为改善供能系统安全性、可靠性和灵活性的重要途径（图1-23）。

图1-23　综合能源服务站

综合能源服务的服务主体是多元的，既有传统的能源供应者（电力、热力、天然气等），也有能源传输管理者（电网、热网、天然气网等），更有各类能源的用户（企事业单位大用户、分布式光伏与风电等供能者集合等）。

综合能源服务的目标是多样的，统一的目标是提升各类能源网络的安全性、可靠性和灵活性；差异化的目标是兼顾各类能源网络中不同角色的不同经济性诉求。

综合能源服务的技术基础是物联网、云平台、大数据和人工智能等，通过泛在物联网和云平台，将各类能源系统中的人和物连接在一起，实现信息共享；通过大数据和人工智能技术，实现广泛感知基础上的协同和优化。

目前，国家电网针对电力系统安全性、可靠性和灵活性的需求，提出泛在电力物联网的解决方案和向综合能源服务商转型的战略部署。

阿里巴巴、华为等互联网巨头也开始涉足能源系统行业，特别是在大数据和人工智能等领域发挥其优势来提高安全性和可靠性。

# 第 二 章

# 高效节能技术

# 1. 节能的定义与概念

节能是指加强用能管理，采取技术上可行、经济上合理以及环境和社会可以承受的措施，从能源生产到消费的各个环节，降低消耗、减少损失和污染物排放、制止浪费，有效、合理地利用能源（图2-1）。

节能并不是不用能源，或是简单地少用能源，而是善用能源，合理地利用能源。节能意味着在保证能够生产出相同数量和质量的产品，或获得相同的经济效益，或者满足相同需要、达到相同目标的前提下，减少能源的消耗量。

图2-1　节能

# 2. 能源供需体系

我国已形成较为完善的能源生产和供应体系，包含煤炭、电力、石油、天然气、核能、可再生能源等各种类型的能源品种。总体看来，在我国的能源构成中，煤炭处于主体性地位；石油消费量高但自给率低，供应依赖进口；清洁的可再生能源消费比重持续上升，发展潜力大。

从2008~2017年中国能源生产结构（表2-1）不同品种能源占比看，原煤生产占比在窄幅波动之后呈下降趋势，十年间下降8.2个百分点。原油生产占比持续下降，十年间下降2.2个百分点。天然气和水电、核电、风电等清洁能源生产占比持续上升，清洁能源在能源供应结构中比重增加。2017年能源生产结构中，原煤占比68.6%，原油占比7.6%，天然气占比5.5%，水电、核电、风电等占比18.3%。

从2008~2017年各能源品种占能源消费的比重（表2-2）数据看，煤炭、石油这两种能源消费占到我国一次能源消费总量的80%~90%，几年来呈下降趋势，2017年两者合计占比低于80%，为79.2%。石油消费比重持续上升，达到18.8%。煤炭消费占比呈下降趋势，但短期内仍是我国主要能源品种。

表2-1 2008~2017年中国能源生产结构（单位：%）

| 年份 | 原煤 | 原油 | 天然气 | 水电、核电、风电 |
|------|------|------|--------|------------------|
| 2008 | 76.8 | 9.8 | 3.9 | 9.5 |
| 2009 | 76.8 | 9.4 | 4.0 | 9.8 |
| 2010 | 76.2 | 9.3 | 4.1 | 10.4 |
| 2011 | 77.8 | 8.5 | 4.1 | 9.6 |
| 2012 | 76.2 | 8.5 | 4.1 | 11.2 |
| 2013 | 75.4 | 8.4 | 4.4 | 11.8 |
| 2014 | 73.6 | 8.4 | 4.7 | 13.3 |
| 2015 | 72.2 | 8.5 | 4.8 | 14.5 |
| 2016 | 69.6 | 8.2 | 5.3 | 16.9 |
| 2017 | 68.6 | 7.6 | 5.5 | 18.3 |

表2-2 2008~2017年各能源品种占能源消费总量的比重（单位：%）

| 年份 | 煤炭 | 石油 | 天然气 | 水电、核电、风电等 |
|------|------|------|--------|---------------------|
| 2008 | 71.5 | 16.7 | 3.4 | 8.4 |
| 2009 | 71.6 | 16.4 | 3.5 | 8.5 |
| 2010 | 69.2 | 17.4 | 4.0 | 9.4 |
| 2011 | 70.2 | 16.8 | 4.6 | 8.4 |
| 2012 | 68.5 | 17.0 | 4.8 | 9.7 |
| 2013 | 67.4 | 17.1 | 5.3 | 10.2 |
| 2014 | 65.6 | 17.4 | 5.7 | 11.3 |
| 2015 | 63.7 | 18.3 | 5.9 | 12.1 |
| 2016 | 62.0 | 18.3 | 6.4 | 13.3 |
| 2017 | 60.4 | 18.8 | 7.2 | 13.6 |

而十年间清洁的可再生能源消费占能源消费总量的比重从2008年的11.8%上升到2017年的20.8%，几乎翻番。2017年能源消费结构为：煤炭消费量占能源消费总量的60.4%，比上年下降1.6个百分点；天然气、水电、核电、风电等清洁能源消费量占能源消费总量的20.8%。

# 3. 节能的原则与思路

为贯彻落实党中央的决策精神，树立和落实科学发展观，推动全社会大力节能降耗，提高能源利用效率，加快建设节能型社会，缓解能源约束矛盾和环境压力，保障全面建设小康社会目标的实现。2004年11月25日中华人民共和国国家发展和改革委员会组织编写并经国务院同意发布《节能中长期专项规划》。这是改革开放以来我国制定和发布的第一个节能中长期专项规划。遵循的节能原则主要有以下6个方面：

① 坚持把节能作为转变经济增长方式的重要内容。

② 坚持节能与结构调整、技术进步和加强管理相结合。

③ 坚持发挥市场机制作用与政府宏观调控相结合。

④ 坚持依法管理与政策激励相结合。

⑤ 坚持突出重点、分类指导、全面推进。

⑥ 坚持全社会共同参与。

节能的主要途径：

（1）结构节能

我国重化工业在经济结构中比重偏大，加之其单位GDP能耗居高不下，是我国结构节能的重点。稳定第一产业，优化第二产业，发展第三产业，是我国经济结构转型优化的重点。

（2）技术节能

就是运用技术手段，改进生产工艺流程、提高用能设备效率，达到提升工业生产能效的目的。比如更换LED灯、采用电动机变频调速技术等都能够降低电能的消耗。

（3）管理节能

管理节能一般具有投入少、节能收益大等特点。主要包括以下内容：一是加强能源计量，准确掌握各类能源的消费情况；二是完善制度建设，形成合理用能与评价考核的管理机制；三是强化人员培训，提升其能源基础知识、能效评价方法、能源管理标准等方面的应用能力。

## 4. 工业用能的特点

我国工业用能种类多，总量大。消耗的一次能源有煤炭、原油等，二次能源有电力、热力、液化石油气、煤气、燃油、焦炭等。我国工业能耗占全国总能耗比例近70%，其中钢铁、有色金属、煤炭、电力、石油、化工、建材、纺织、造纸等高耗能工业能源消费量占工业能源消费量近

图2-2　工业用能污染废气排放

80%。此外，由于大量使用化石能源，工业企业常常成为当地的主要污染源。

我国经济增长方式在总体上尚未摆脱高投入、高消耗、高排放的发展方式，资源能源消耗量大，生态环境问题比较突出，形势依然十分严峻（图2-2），迫切需要加快构建科技含量高、资源消耗低、环境污染少的绿色制造体系。加快推进工业绿色发展，有利于推进节能降耗、实现降本增效。

## 5. 企业能效评估

企业的能效是指企业的能源利用效率。

企业能效评估是指企业的能效指标与基准能效指标之间的对比分析。其中，基准能效指标一般是国家标准或地方标准规定的值，例如，新建企业需要达到准入标准规定的能效指标，若企业能效指标超过能耗限额指标，则将接受惩罚性电价的处罚。

能效指标主要有两类：一是能源的经济价值评价方法，主要有单位产值能耗或单位增加值能耗，其定义是统计期内综合能源消费量与同期产值或增加值的比值；二是能源的产品产量能力评价方法，主要有单位产品能耗，其定义是统计期内某种产品生产过程中的综合能源消费量与同期该产品产量的比值。

上述两类能效评价指标各具特色，也都在广泛应用，其中单位增加值能耗可以对不同产品、不同企业进行比较，也是我国单位GDP能耗统计的基

础，其缺点是在做不同年度该指标的对比时，其单位增加值会受到不同年度价格指数的影响。单位产品能耗可以客观反映某种产品生产的能源利用效率，但不便于不同生产工艺、不同产品、不同企业之间的比较。

在能源审计过程中，既要测算单位增加值能耗、单位产值能耗，并与当地单位地区生产总值能耗做比较；也要测算单位产品能耗，与同行业、相同工艺、相同产品或者与本企业历史上的能效指标做历史同比（同期比较）或历史环比（上一个周期比较）。通过上述对比，可以了解本企业在当地、在同行业或本企业的过去的指标变化情况，为分析节能潜力提供依据。

企业能效评估可以全面了解生产过程的整体用能状况，主要能耗分布及节能潜力，最终达到降低能耗，提高经济效益。

# 6. 企业电源——变压器与配电网节能

变压器作为电力系统运行的主要设备之一，在电能生产、输送、调度分配过程中起到非常重要的作用，其运行效益直接影响到整个电力系统的成本和效益。在配电网中配电变压器的数量非常庞大，加之变压器输送电能多、运行时间长，变压器产生的电能损耗相当可观。据统计，从发电到用电所经历的3~5次电压变换过程中，变压器所产生的总电能损耗可占发电量的10%左右。因此，变压器节能的研究是十分必要的。

变压器节能有5种可选途径：

（1）降低空载损耗

采用性能优良的硅钢片或非晶合金片进行阶梯接缝，改进铁芯结构和工艺。

（2）降低负载损耗

提高导线的导电系数，适当降低电流密度，改善绝缘结构，提高绕组填充系数，减小绕组尺寸来减小负载损耗。

（3）降低其他部件损耗

设计中控制绕组漏磁通，调整安匝平衡，以降低油箱等结构件的杂散损耗。用波纹油箱、片式散热器代替管式散热器，提高散热效率。

（4）利用工作机械的工作特性降低损耗

将容量随变压器负载大小同步改变，消除和减小"大马拉小车"的现象，使工作机械始终保持在最高效率附近。

（5）淘汰落后设备

在配电网系统中广泛推广使用新型的节能变压器（比如S15，S13变压器），淘汰落后的设备，实现节能降耗。

在电网线损中，配电网线损所占的比重很大，与发达国家的配电网线损情况相比，我国的配电网线损偏高，仍然存在降损空间。配电网电能损耗率简称线损，是指以热能形式散发的能量损失。电能通过导线、变压器等设备会在一定的时间内产生耗损。随着我国国民经济飞速发展，企业和居民的用电量及需求都不断提高，电网建设的加快和负荷的增

图2-3　变压器与配电网

长都使电能在输配设备中产生损耗加大，这不仅影响了企业的发展和经济收益，同时也对节能减排有了负面影响。为响应国家号召，减少电费支出、提高效益的同时节约能源，一定要对配网线损的问题加以重视（图2-3）。

降低配电网技术线损的措施：

首先要合理地规划，对电网的布局要以容量小、半径短和布点密集为原则，减少因供电半径不合理而造成的技术线损；在条件许可时选择截面积较大的导线，这样的导线电阻较小，自然产生的线损也越小；其次配电变压器的选择也要注意，尽可能采用低压电容器且其安装位置也要尽量接近负荷中心；要重视对无功电能的就地补偿，可以采取变电所集中补偿、用电设备随机补偿、配电变压器线路固定补偿等措施，不仅可一定程度地降低线损，还能提高线路的传送能力及电压的质量。同时还要提高计量装置的准确度，针对不同的用户需求及性质来选择不同的计量设备。

# 7. 企业热源——锅炉及其节能

图2-4 工业锅炉

工业锅炉（图2-4）的主要作用就是为工业生产提供其工艺过程所需的蒸汽或热水，或者为建筑物或居民生活供应热水。因此，锅炉是生产和生活不可缺少的能量转换设备。由于工业锅炉参数低、容量小，相比于高参数、大容量的电站锅炉造成了较多的能源消耗及污染物排放。

我国燃煤工业锅炉的设计效率为72%~80%，平均运行效率60%~65%，平均运行效率比国外先进水平低15~20个百分点；每年排放烟尘约200万吨，二氧化硫约600万吨，是仅次于火电厂的第二大煤烟型污染源。

燃煤工业锅炉运行效率偏低的原因很多，主要包括：自动控制水平低、燃烧效率以及辅机效率低；使用煤种与设计煤种不匹配，且煤质不稳定；缺乏熟练的专业操作人员；环保处置设施简陋，多数未安装或未运行脱硫脱硝装置，污染物排放严重；节能监督和管理缺位等。

工业锅炉的节能可以从以下三个方面入手：一方面改善锅内传热，锅内设备主要是指锅炉中的换热器，运行中强化传热的措施主要是受热面的清洁，如受热面定期吹扫等；另一方面是强化炉内燃烧，炉内设备主要是指锅炉中的燃烧设备，包括燃烧器和烟道，运行中强化燃烧的主要措施是根据负荷以及煤质的变化及时调整风煤比，确保燃料充分燃烧；第三方面是减少散热损失，包括锅炉本体的保温以及热力管网的保温。

工业锅炉的种类和形式很多，节能改造的措施多种多样，下面是一些改造的案例：

（1）对炉拱进行改造

传统的炉拱包括由一个拱面形状相对比较高而短的前拱和一个短而高、上倾的后拱组成的。正是由于这种特殊的设计，导致炉膛前部的温度低，不容易将煤引燃。所以我们可以将传统结构的前拱压低并伸长，把它改造成一个人字形的前拱，从而让新煤因为前拱的升温而受到热辐射，最终被点燃。

另外也有很大的必要将后拱改造成超低、超长而且下倾和带镜边出口的人字形后拱。

（2）采用分层燃烧技术

对于链条炉，在燃烧技术上可以采用分层燃烧技术，这种燃烧技术主要是从以下几个方面来提高燃烧的效率：

①用均匀给煤技术可以解决煤仓颗粒不均匀造成的燃烧不充分问题。

②采用分层给煤技术可以对煤层的颗粒大小按照一定的顺序进行排列，让每层的分层颗粒一致，有效地解决了以前因为通风不良造成的燃烧不充分现象。

③能够让煤层最上面的小颗粒煤，在火床上跳跃式燃烧。

④使煤粉能够在火床的上方类似煤粉炉悬浮燃烧。

（3）煤粉复合燃烧技术

对于链条炉和煤粉炉，还可以采用煤粉复合燃烧技术，煤粉复合燃烧技术可以将锅炉的炉排和煤粉的燃烧方式进行结合，煤粉靠炉排火点燃，煤粉燃烧形成的高温火焰提高了炉膛温度，为锅炉炉排上的煤层点燃提供了足够的热源，使难以着火的煤能顺利着火燃烧，从而使锅炉在负荷多变且烧劣质煤情况下均能达到稳定燃烧。

（4）烟气余热利用技术

锅炉燃烧过程中，排烟热损失是锅炉内最大的热损失，为了保障工艺加热的温度。锅炉排烟温度一般在300℃以上，造成锅炉的效率不高，可以在空气预热器的排烟管上增加一台热管蒸汽发生装置，这样可以将烟降低到160℃。

综上所述，要提高工业锅炉的效率，就需要针对影响节能的关键因素，采取可行性的技术措施。除了要对传统意义上的锅炉进行技术改造外，还可以将辅机、燃料系统、控制系统的改造和锅炉节能改造系统地结合在一起。

# 8. 企业流体网络——泵与风机的驱动与节能

泵与风机主要用于传送流体，在工业生产中发挥着重要的作用。泵与风机是工业生产过程中最主要的耗电设备，是工业节能的主要环节。

泵与风机（图2-5）的作用是提升流体的压力，维持流体的流动。为了满足生产的需要，流体的流量和压力需要经常变动，也就是说泵与风机的工作点需要经常调整。

图2-5 泵与风机

最简单的调节方式就是在泵与风机的出口加装调节阀门，根据需要开大或关小阀门就可以调节泵与风机的出口流量和压力，满足生产的需要，但这种调节方式增加了流动阻力，能量损失较大。

除了节流调节之外，改变泵与风机的转速也可以调节泵与风机出口的流量和压力，而且能量损失小，这就要求泵与风机的驱动设备具有调速的能力。

根据泵与风机驱动设备的不同，泵与风机分电动与汽动两种。

以水泵为例，电动泵是由电动机调速的，普通的电动机是定速的，通过改变其接线方式也可以双速运行，如果要实现无级变速的运行，通常需要加装调速或变频设备。

汽动泵是由汽轮机（或者工业透平）驱动的，汽轮机（或者工业透平）具有良好的调速能力，但需要设计专用的进汽和排汽管道，提供蒸汽来源并配套专用的凝汽器回收其排汽。

（1）变速泵与风机的节能原理

由泵与风机的工作原理可知，$P$（功率）$=Q$（流量）$\times H$（压力）。其中，流量$Q$与转速$N$的一次方成正比，压力$H$与转速$N$的平方成正比，则功率$P$与转速$N$的立方成正比。

如果泵与风机的效率一定，当要求调节流量下降时，转速$N$可成比例地下降，而此时轴输出功率$P$以3次方的关系下降。以电动泵为例，一台水泵电机功率为55千瓦，当转速下降到原转速的4/5时，其耗电量为28.16千瓦时，省电48.8％。当然，为保证压力和流量满足需要，转速的降低必须与泵和管路特性相匹配，其降幅亦有限。因此我们可以看出，通过变转速的方式调节泵与风机的流量具有较大的节能潜力。

（2）电动机变频的无功补偿与节能

根据电工原理，有功功率$P=S\cos\phi$；无功功率$Q=S\sin\phi$，其中$S$为视在功率，$\cos\phi$为功率因数，功率因数$\cos\phi$越大，有功功率$P$越大，可见无功功率$Q$不但增加线损和设备的发热，还会导致电网有功功率的降低。

普通电机的功率因数在0.6~0.7之间，当使用变频调速装置后，由于变频器内部滤波电容的作用，可以提高功率因数$\cos\phi$，从而减少了无功损耗，增加了电网的有功功率。

（3）电动机变频有利于电动机软启动

当电机直接启动时，启动电流为额定电流的 4 ~7倍，这样会对电网造成严重的冲击，对机电设备和管路的使用寿命也造成不利影响。

使用电动机变频节能装置后，利用变频器的软启动功能可以使启动电流从零开始，最大值也不超过额定电流，减轻了对电网的冲击，延长了设备和阀门的使用寿命，节省了设备的维护费用。

# 9. 企业照明节能

照明在生产和生活中发挥着重要的作用，对于商场和超市等商业企业，照明能耗甚至在其总能耗中占有很大份额（图2-6）。

照明节能，我们可以从以下几个方面着手：

（1）充分利用自然光

图2-6　企业场馆照明能耗较大

自然光是免费的光源，既能够改善工作条件，保护员工视力健康，也具有节能效益。为了最大限度地利用自然光，需要分区域照明，自然光线

满足需要时，朝阳的一面可以不开灯。此外，如白色的墙面的反射系数可达70% ~ 80%，同样能起到节电的作用。

（2）合理选择照度值

照度太低，会损害工作人员的视力，影响产品质量和生产效率；照度过高，轻则浪费能源，重则影响员工的视力和感受。不合理的高照度还会浪费电力。应当遵守国家颁布的照明设计标准来选择合适的照度。

（3）合理地选择照明方式

在满足标准照度的条件下，为节约电力，应恰当地选用一般照明、局部照明和混合照明三种方式。例如工厂高大的机械加工车间，若用一般照明的方式，即使开启很多灯也很难达到精细视觉作业所要求的照度，如果每个车床上安装一个局部照明光源，用很小的电耗就可以达到很高的局部照度。

（4）合理地选择照明线路

照明线路的损耗占输入电能的4%左右，影响照明线路损耗的主要因素是供电方式和导线截面积。大多数照明电压为220伏，照明系统可由单相二线、两相三线、三相四线等三种方式供电。三相四线的供电方式比其他供电方式线路损耗小得多。因此，在条件许可时优先选择三相四线制供电方式。

（5）合理选择电光源

电光源的选择对照明节能具有至关重要的作用，从白炽灯、节能灯到LED灯，科技创新在新型电光源的开发与应用中发挥了重要的作用。

由美国发明家托马斯·阿尔瓦·爱迪生发明的白炽灯是最为人们熟知的电光源，在真空环境下将灯丝通电加热到白炽状态并通过热辐射即可发出可见光。

自白炽灯问世以来，经人们对灯丝材料、灯丝结构、充填气体的不断改进，白炽灯的发光效率也有所提高。其突出的优点是光色和集光性能很好，但是因为光效低，已逐步退出电光源市场。

节能灯又称为紧凑型荧光灯及一体式荧光灯（图2-7）。灯管两

图2-7 节能灯

端电压直接经过等离子态导通并发出253.7纳米的紫外线，紫外线激起荧光粉发光。这种光源在达到同样光能输出的前提下，只需耗费普通白炽灯用电量的1/5至1/4，从而可以节约大量的照明电能和费用，因此被称为节能灯。

节能灯实际上就是一种自带镇流器的日光灯，其优点是节能高效，使用寿命长，缺点是节能灯一般偏紫色光，视物会变色；此外废旧节能灯对环境具有一定的危害。

LED灯本质上是一种发光半导体器件，直接将电能转换为可见光。

最初LED用作仪器仪表的指示光源，后来各种光色的LED在交通信号灯和大面积显示屏中得到了广泛应用，对于InGaN/YAG白色LED，通过改变YAG荧光粉的化学组成与调节荧光粉层的厚度，可以获得色温3 500~10 000开尔文的各色白光。这种通过蓝光LED得到白光的方法，构造简单、成本低廉、技术成熟度高，因此运用最多。

LED灯的显著优点是节能和长寿命，但在舒适性等方面还存在改进空间。

# 10. 企业电动机节能

电动机（图2-8）是把电能转换成机械能的一种设备。电动机由定子与转子组成，利用通电线圈（也就是定子绕组）产生旋转磁场并作用于转子（如鼠笼式闭合铝框）形成磁电动力旋转扭矩。电动机按使用电源不同分为直流电动机和交流电动机，工业生产中的电动机大部分是交流电动机。交流电动机还可以进一步分为同步电动机和异步电动机，两者的主要区别就在于电机定子磁场转速与转子转速是否保持同步。

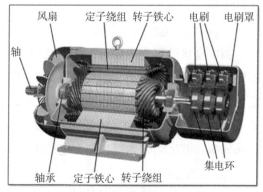

图2-8　电动机结构

电动机的形式与应用场合举例说明如下：

YSF、YT系列区别不大，都是风机专用三相异步电动机，是根据风机行业的配套要求，此类型电动机在结构上采取了一系列的降噪、减振措施。该系列电机具有高效节能、噪声低、启动性能好、运行可靠、使用安装方便等特点。

CXT系列为稀土永磁三相同步电动机，采用新型稀土永磁材料及其他优质材料制造，在转子结构设计和电磁参数选定方面有较大创新，该电机具有超高效率和功率因数（功率因数达到0.95以上），因而具有较高的启动性能、较高的牵引同步转矩和较大的过载能力，并且电机效率曲线比较平直，低负荷时也具有很高的效率，能够广泛应用于石油、化工、冶金、矿山、纺织等行业。

常见的电动机节能技术如下：

（1）调节运行电压

当三相电路不平衡时，异步电动机内部会形成负序磁场，使总损耗增加。需要采取措施以平衡电力网的三相负荷，使电动机的三相电压对称，就能有效避免电动机的这部分损耗。

另外，从电动机在轻载运行时的降压节电原理分析可知，电动机在轻载下运行时，如果能适时降低电动机的电源电压，就可降低损耗。常用的方法有：无级调压法、功率因数（$\cos\phi$）控制法、最小输入功率法和 $\Delta$/Y 电压变换法等。

（2）调节电动机在高效区间运行

当电动机的可变损耗与不变损耗相等时电动机效率最高，电动机的可变损耗主要为铜损耗，不变损耗主要为铁损耗。电动机效率最高时并不是在额定负载处。由电动机的运行特性曲线可知，对于常用的中小型异步电动机，效率最高一般出现在额定负载的3/4处左右。如果我们能适时调节电动机在最高效率负载区间内运行，那么电动机的损耗就能控制到最小。

（3）异步电动机同步运行

异步电动机正常运行时的转速略低于旋转磁场的转速，同步电动机的转速为同步转速：$n_1=60\,f/p$（其中f表示电源的频率，p表示电机极对数）。如果调节同步电动机在过励磁的情况下运行，同步电动机就能从电网吸收超前的无功电流，还能补偿异步电动机等感性负载的无功电流，提高功率因数$\cos\phi$。同步电动机的功率因数$\cos\phi$一般较高，可达到0.9~1.0。因此，在负载转速变化不大的情况下，可将三相绕线式异步电动机改作三相同步电动机运行，以达到节电目的。

（4）就地电容无功补偿

电动机多为感性负载，运行时要消耗一定的无功功率，功率因数都不高。如果用电容器给电动机做就地无功补偿，即感性负载两端并联电容，就能大大减少无功损耗，提高功率因数。感性电动机电容无功补偿后的功率因数一般为0.92~0.96。

# 11. 企业暖通与节能

企业暖通是指采暖、通风、空气调节这三个方面，缩写HVAC(Heating,Ventilating and Air Conditioning)，也简称暖通空调。

采暖——又称供暖，按需要给建筑物供给负荷，保证室内温度按人们的要求持续高于外界环境。

通风，向房间送入或由房间排出空气的过程。利用室外空气（称新鲜空气或新风）来置换建筑物内的空气（称室内空气），包含自然通风和机械通风两种。

空气调节——简称空调，具有调节室内空间的温度、湿度、净化空气，并提供足够量的新鲜空气。

空调分中央空调和分体空调。中央空调最大特点是能够创造一种舒适、洁净的室内环境。而家居一般使用分体空调，能够解决特定室内冷暖温度调节的问题，但解决不了空气湿度及空气洁净度的调节问题。中央空调的工作过程是：首先是引进新风，可以根据需要调节空气温度，然后进行过滤处理，将灰尘、细菌、病毒、烟尘或者异味过滤掉；此外，还有加湿设备，必要时通过加湿保持室内环境的相对湿度达到40%左右，提升人体的舒适感。

暖通系统有下列节能措施。

（1）合理设定空调温度

社会上常常有这样的一种观念：认为在夏季室内温度越低效果越好，冬季室内温度越高效果越好。事实上，这样不仅大大增大了空调系统的能耗，同时由于室内外温差的增大，也使人体对不同环境温度的适应性下降，降低身体的免疫力。

舒适空调系统可以从专业的角度来设定并维持人体最佳冷热舒适性的室内环境温度。对于居民而言，建议不超过国家规定的冬季和夏季室内温度的限定值。

（2）改善建筑围护结构的保温性能，减少冷热损失

对于暖通空调（图2-9）系统而言，围护结构的保温性能是影响空调负荷（也就是空调的输出能量）的主要因素，保温性能差则室内外交换的热量就多，空调消耗的能量就大。所以在国家出台的建筑节能设计规范和标准中，首先要求的就是提高围护结构的保温隔热性能。当提高建筑的保温性能后，空调消耗的输入能量也就大幅度降低。

图2-9　暖通空调

（3）选择高效的空调设备

空调设备的能效是指其有效输出与输入能量的比值，当空调设备的能效较高时，满足同样的空调负荷，其输入的能量可以降低。为此，我国实行了家用电器能效标识制度，建议优先选择一级或二级能效标识的空调设备。

随着室外环境温度的变化、室内人员的增减，空调的负荷经常发生变化，因此，在有条件时建议优先选择变频空调。

（4）加强人员培训，提高系统的运行管理水平

针对企事业单位使用的大型空调系统，应当对暖通空调专业操作人员进行培训，提高其专业水平和业务技能，使其具备必需的基本理论常识和设备操作及运维技能。实行持证上岗制度，对没有达到考核要求的，应重新培训，考核合格后才能上岗，确保操作人员有能力根据室外参数的变化进行控制优化，达到良好的节能效果。

# 12. 交通用能及其特点

交通运输是国民经济发展的基础，形式多样，涉及航空、水运、陆地交通；能源消费种类多样，航空专用燃料、电力、汽柴油等，下面分类介绍：

（1）民用航空用能

航空发动机对燃料的依赖性极大，对燃料要求也很严格。在表示燃料质量的各种综合性能中，最重要的是在飞机发动机使用过程中对系统和零部件产生影响的那些性能，即燃料使用性能。这些性能同飞机发动机的可靠性和寿命直接相关，且它们只是在使用过程中才出现。

对所有航空燃料使用性能的共同要求，就是它们应具有适当的挥发性和良好的流动性、燃烧性、安定性、洁净性、不腐蚀所接触的金属并与所接触的非金属材料相容等。挥发性用馏程和蒸汽压表示。挥发性过大，燃料蒸发损失严重，且在高空产生气塞的危险性也大；挥发性过小，发动机的启动性变差，燃烧不完全。流动性用冰点和低温黏度表示，要求冰点低，低温黏度小，良好的流动性可以保证燃料具有良好的低温泵送性和过滤性。燃烧性用热值、密度和烟点等表示，要求热值高、密度大、烟点高，该指标可以保证发动机有足够的推力。

（2）轨道交通高铁用能及特点

高铁是用电力驱动的，与传统内燃机驱动方式相比，电力驱动具有无污染、载客量大、动力/重量比大等优点。因此，世界上大多数高速列车都采用电力驱动方式，即通过铁路沿线的架空高压线电网（我国都采用工频2.5千伏电压）对列车供电方式。各国高铁采用交流电作为高铁列车的牵引网络的电流制式将电能连续转换为机车动力。高铁机车运行时采取AT（自耦变压器）供电方式为车内用电设备供电。高铁能够跑起来，依靠的是牵引供电系统给高速列车提供电力。各国电网定义牵引供电为电力系统的一级负荷，但德国是例外，其高铁电网独立于国家电网。受电弓安装在高铁列车顶部，当高铁列车运行时，受电弓沿高压线滑动获取电能。

（3）汽车用能及特点

汽车是城市的主要交通工具（图2-10）。汽油和柴油是目前汽车最常

用的燃料。通过石油炼制获得
的汽油和柴油，具有能量密度
高、价格低、不易变质、便于
运输等特点，因此非常适用于点
燃式发动机和压燃式发动机。

汽油是汽油机的燃料。汽
油是石油制品，是100多种烃的
混合物，其主要化学成分是碳
（C）和氢（H）。汽油中碳的

图2-10 汽车是城市的主要交通工具

质量分数为85%~87%，氢的质量分数为13%~15%。汽油在常温下为无色至
淡黄色的易流动液体，很难溶解于水，易燃，馏程为30~220℃，其低位热
值为43 070千焦/千克。汽油最重要的理化性能是抗爆性，用辛烷值表示。其
次是挥发性，它对于发动机的冷启动、瞬态工况和燃油蒸发排放都有较大影
响。在我国国家标准中采用辛烷值（RON）来划分车用汽油牌号，按辛烷值
从低到高划分为90号、93号、97号等牌号。

柴油是柴油机的燃料。柴油也是复杂烃类的混合物。在石油蒸馏过程
中，温度在200~350℃之间的馏分即为柴油。柴油分为轻柴油和重柴油。轻
柴油用于高速柴油机，重柴油用于中、低速柴油机。汽车柴油机均为高速柴
油机，所以使用轻柴油。为了保证高速柴油机工作正常和高效，轻柴油应
具有良好的着火性、低温流动性、蒸发性、化学稳定性、防腐性和适当的
黏度等使用性能。其主要看重的性能指标有着火性、蒸发性、低温流动性
和黏度等，其低热值为42976千焦/千克。我国将轻柴油按凝点分为5号、0
号、-10号、-20号、-35号、-50号等牌号。

# 13. 交通能效与评价

### （1）燃油汽车能效评价

燃油汽车的评价标准为百千米油耗，百千米油耗是指车辆在道路上按一
定速度行驶百千米的油耗，是车辆能效的一个主要指标。百千米油耗是厂家
在规定的环境条件中，按指定速度行驶，通过行驶里程及相应的油耗量，计

算出车型的百千米油耗数值。

由于多数车辆在90千米/小时接近经济车速，因此大多数对外公布的理论油耗通常为90千米/小时的百千米油耗。（排气量是通过排气分析仪和碳平衡法分析尾气中碳元素的含量来判断）。

（2）电动汽车能效评价

与燃油汽车的评价标准类似，电动汽车（图2-11）的评价标准为百千米电耗，其定义为电动汽车行驶百千米所消耗的电量。

图2-11　电动汽车

（3）城市交通能效评价

对于城市整体的交通能效评价可以使用人均交通能耗和车均能耗等指标，它们的公式分别是：

人均交通能耗=人均车辆数×车均能耗；

车均能耗=车均行驶里程×百千米能耗；

从上述两个公式我们可以得出，为了降低人均交通能耗，首先需要降低人均车辆数，因此我们应该尽可能地去选择公共交通。同时还需要减少车均能耗，即应该尽可能地降低车均行驶里程，以及降低其百千米能耗。

# 14. 轨道交通节能

轨道交通是指运营车辆需要在特定轨道上行驶的一类交通工具或运输系统。随着火车和铁路技术的多元化发展，轨道交通呈现出越来越多的类型，不仅遍布于长距离的陆地运输，也广泛运用于中短距离的城市公共交通中（图2-12）。

根据服务范围差异，轨道交通一般分成传统铁路、城际轨道交通和城市轨道交通三大类。

（1）传统铁路

传统铁路是最原始的轨道交通，

图2-12　轨道交通

分普速铁路和高速铁路两大类。它主要负责大规模兼远距离的客货运输，通常由大型机车牵引多节客货车厢沿轨道运行。传统铁路是轨道交通的核心，事关国家的经济和军事命脉。如南京到合肥的合宁铁路、南京到芜湖的宁芜铁路、南京到西安的宁西铁路等。

（2）城际轨道交通

城际轨道交通是一种介于传统铁路和城市轨道交通之间的新兴轨道交通类型。它主要负责高速度兼中距离的旅客运输，通常由大型动车组运载乘客以实现相邻城市间的快速联络，满足城市之间的交通需求。如连接上海市与江苏省南京市的沪宁城际铁路、正在建设中的南京到句容的宁句城市轨道交通以及规划中的南京到扬州的宁扬线等。

（3）城市轨道交通

城市轨道交通是以电能为主要动力能源，采用轮轨运转体系的大运量快速公共交通系统。它主要负责无障碍兼短距离的旅客运输，通常由轻型动车组或有轨电车作为运送载体，可以有效缓解城市内部密集客流的交通压力。目前江苏省共有6个城市有地铁，它们分别是南京、苏州、无锡、常州、徐州和南通，其中常州、徐州和南通3个城市的地铁仍在规划建设中。

轨道交通具有运量大、速度快、班次密、安全舒适、准点率高、全天候、运费低等优点，但同时常伴随着较高的前期投资、技术要求和维护成本。由于轨道交通系统组成复杂、设备数量众多，其在运营过程中会消耗大量的能源，需要在规划、设计、建设以及运营等各环节做好节能规划、设计和管理工作，充分挖掘其节能潜力。

轨道交通节能可从以下几个方面考虑：

（1）线路节能设计

主要考虑尽可能优化曲线半径和进出站坡度，减少车辆行驶过程中因曲线阻力而增加的电耗。

（2）牵引供电系统节能设计

影响列车牵引能耗的因素有多种，包括列车性能、轨道交通选线、运输组织模式以及供电设备属性等。其中，列车性能、供电设备属性属于轨道交通设备因素，提高设备的效率，使得在列车正常运转的前提下能源消耗得到降低。常见的方法有选用高效率牵引电机，比如用重量轻、效率高、转速平稳的永磁同步牵引电机代替传统的异步电机；优化设计供电系统，合理设置中压供电网络接线形式，减少系统电缆的长度，降低设备损耗和线路损耗。

（3）辅助系统节能

轨道交通的辅助系统包括空调系统以及照明、电梯等系统。空调系统的节能可采用能耗更低的变频空调技术，这样当空调运行中制冷负荷小于空调机组额定制冷量时，空调机组可以直接转换至低频率运行以维持车站及客室温度，避免了传统定频空调机组靠不断地开关压缩机来维持温度，同样还可减少设备频繁开关机的损耗。空调系统节能还可以采用新风系统，即在变频空调的基础上采用智能控制，当室外温度较低时，站内空调暂停制冷，通过新风系统产生的压力差完成室内浑浊空气和室外清新空气的交换，或者根据载客量和二氧化碳含量自动调节新风。照明系统的节能可采用光源体积小、耗电低的LED灯代替传统的荧光灯节能。

# 15. 公共交通

区别于前面提到的轨道交通，这里的公共交通特指城市范围内定线运营且有固定班次时刻，承载旅客出行的公共汽车（图2-13）。随着我国城镇化进程加快，城市人口和地域面积不断增加，对公共交通需求也相应地快速增长。公共交通作为城镇居民主要的交通运输方式之一，在城市交通节能减排方面具有举足轻重的作用。目前在公共交通节能减排方面做出的努力主要包括以下几个方面：

图2-13　公共交通

（1）大力推广新能源公交车，推进"绿色公交"发展

比如采用气电混合动力、油电混合动力、LNG（液化天然气）车辆、纯电动车等类型的节能与新能源车辆。

（2）智能控制

通过在公交车上安装GPS智能调度系统，运用传感技术、通信技术、信息技术对城市公共交通车辆进行实时监控和管理，及时掌握公交车辆运行中的运行状态、公交运营数据、客流数据等，对整车发动机工况、机油压力、电动机状态和油耗等实施动态监控和故障诊断，最大限度地提高车辆完好率，节能降耗。

（3）文明驾驶

如养成良好的驾驶习惯，将车速保持在经济车速，避免急加速和急减速等；平时要注意公交车的保养，及时检查胎压，更换机油等；车辆外围灰尘脏污应该及时清洁以减少车辆行驶时的阻力。这些小习惯的养成往往对节能减排产生很大的影响。

# 16. 机动车替代燃料

目前，大多数机动车使用的燃料是汽油和柴油等，它们在燃烧的过程中会产生大量一氧化碳、硫氧化物等，这些废气为大气环境污染源；此外这些燃料都是石油制品，而石油又是不可再生的资源。随着机动车保有量的持续增加，一定程度上加剧了我国石油资源相对紧缺，开发新的替代燃料势在必行。

目前，机动车替代燃料有天然气、甲醇、乙醇、丁醇等。天然气的主要成分是甲烷，充分燃烧后有害物质排放低，和石油相比，天然气生成周期短，并且探明储量也比较大，是目前大力推广的清洁能源之一。酒精（乙醇）可以利用蔗糖生产；甲醇的来源也很广，可从玉米、大豆中提炼制备（图2-14）；而丁醇是一种高能量生物燃料，它的原料主要是甜菜。替代燃料取材广泛，清洁无污染，燃烧效率高，在节能减排领域具有很好的应用前景。

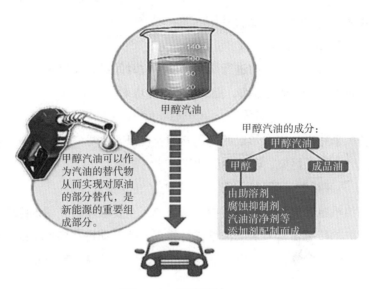

甲醇汽油可以作为汽油的替代物从而实现对原油的部分替代，是新能源的重要组成部分。

甲醇汽油的成分：

甲醇汽油

甲醇　　成品油

由助溶剂、腐蚀抑制剂、汽油清净剂等添加剂配制而成

图2-14　甲醇汽油

# 17. 高效燃油发动机

燃油发动机（图2-15）的热效率是指发动机输出的机械功与燃料燃烧产生的化学能的比率，也就是说在统计期内发动机有多少化学能转化成了机械动力。一般情况下，燃烧相同的燃油，热效率越高，转化成的机械动力越多，即热效率高，油耗就低，燃油经济性强。通过对现有的内燃机进行节能改造和技术升级，提升其热效率，便可以减少燃油消耗，实现节能。

图2-15　燃油发动机

燃油发动机有以下节能措施：

（1）发动机稀薄燃烧技术

发动机稀薄燃烧技术是指发动机混合气中的汽油含量低，汽油与空气之比可达1∶25以上。稀薄燃烧技术就是发动机在空燃比大于理论空燃比的情况下燃烧，这样，燃料能完全燃烧，也减少了换气损失，同时还能够降低汽

油机的有害排放物。

（2）发动机增压技术

对进入气缸的空气提前进行压缩，使单位时间进入燃烧室的新鲜空气量增多，增加发动机的充气效率，提高发动机的功率。

（3）燃油乳化节油技术

发动机采用燃油掺水形成的乳化燃油，可以减少排气中的氮氧化物等有毒有害成分，降低污染，还能降低油耗，节约能源。

（4）汽油机燃油喷射与点火系统的电子控制技术

在汽油机电控燃油喷射系统中，电控单元主要根据进气量确定喷油量，再根据相关的传感器信号对喷油量进行修正，使发动机在各种工况下均能获得最佳浓度的混合气，从而提高发动机的动力性、经济性和排放性。

# 18. 新能源汽车

新能源汽车就是在车用燃料或动力装置方面有别于传统的汽车。从车用燃料上看，新能源汽车可采用天然气、液化天然气、乙醇汽油、甲醇汽油等新型燃料；从动力装置看，新能源汽车包括纯电动汽车、混合动力汽车、燃料电池电动汽车等。

纯电动汽车（图2-16）是一种采用单一蓄电池作为储能动力源的汽车，它利用蓄电池作为储能动力源，通过电池向电动机提供电能，驱动电动机运转，从而推动汽车行驶。混合动力汽车指拥有至少两种动力源，使用其中一种或多种动力源提供部分或者全部动力

图2-16　纯电动汽车

的车辆。燃料电池电动汽车是利用氢气和空气中的氧在催化剂的作用下在燃料电池中经电化学反应产生的电能，并作为主要动力源驱动的汽车。

# 19. 建筑用能的特点

近年来，我国能源消费量不断攀升，建筑能耗快速的增长是其重要的原因，建筑总能耗占社会终端能耗的20%左右。从能源消费类型上看，建筑能耗可以分为用电、用煤、用气（天然气和液化石油气）等；从能源的用途上看，建筑能耗可以分为空调、采暖和照明（图2-17）等能耗。

图2-17　建筑照明

从建筑功能来看，包含住宅建筑和公共建筑等，由于建筑功能的不同，服务的对象以及各项终端用能耗需求也不同。如住宅建筑中用能主要服务于居民生活，以家庭为单元，炊事、生活热水和各类家电是主要的用能项；而公共建筑主要服务于不同人群的工作或商业活动，以楼栋为用能单元，办公设备、电梯和照明等是服务其功能的主要用能项。

我国处于发展过程中，城乡差异明显。在对建筑用能特点进行分类时，还应考虑城乡之间住宅用能的不同。首先是能源使用种类有差异。在农村住宅中，部分使用秸秆、薪柴等生物质燃料以及煤炭满足农村居民生活热水、炊事及供暖需求，而城市住宅中则是以电力、天然气及液化石油气为主要能源。其次是建筑形式的差异，农村住宅绝大多数是自建房，以户为单位建造的独栋住宅，而城市建筑多为多户居住的住宅楼，这种建筑营造方式与类型的巨大差异，对建筑运行能耗、节能技术措施和节能政策都有很大的影响。另外，城乡居民生活方式的不同、收入水平以及各类建筑用能设备拥有率的差异也使得各项终端能耗水平产生明显的不同。

除了城乡差异，我国建筑用能还有地域差异的特点。北方地区气候寒冷，为保证冬季室内热舒适性，北方城镇地区多采用集中供暖，包括大量的城市级别热网和小区级别热网，与其他建筑用能以楼栋或者以户为单位不同，这部分供暖用能在很大程度上与供热系统的结构形式和运行方式有关，并且其实际用能量也是由供热系统统一核算。

# 20. 建筑能效与评价

能效测评是指对建筑能源消耗量及其用能系统效率等性能指标进行计算、检测，并给出其所处水平的活动。能效测评过程按照建筑节能有关标准和技术要求，对建筑物的能效水平进行核查、计算，必要时进行检测，评定其相应等级。

建筑能效常用的评价指标有性能性指标和规定性指标两种。性能性指标即综合影响建筑能耗各方面的因素，为注重结果的综合性指标，如建筑物耗冷/热量指标、空调采暖年耗电量、单位面积能耗、一次能源消耗、二氧化碳排放量及人均能耗等，其中单位面积能耗指的是单位面积的耗电量与单位面积的耗气量之和，人均能耗是人均面积与单位面积能耗之积。规定性指标主要分为两类：一类是对建筑的各组成元素进行规定，如建筑围护结构（墙体、屋面、门窗）的传热系数、窗墙比、体形系数等，对其最小能效指标规定一个限值；另一类是对各能耗系统的总性能进行规定，即不具体规定建筑局部的热工性能，允许设计师在某个环节上有一定的突破，但在整个综合性能上满足规定，如围护结构的综合指标"综合传热值"，用能设备的综合评价指标"能源转换系统效率"。

建筑能效测评标识是按照建筑能效测评结果，对建筑物能效水平，以信息标识的形式进行明示的活动。建筑能效标识的适用对象是新建居住和公共建筑以及实施节能改造后的既有建筑，以单栋建筑为测评对象。建筑能效标识划分为五个等级，节能50%～65%为一星，是节能达标建筑；节能66%～75%为二星；节能76%～85%以上为三星；节能85%以上为四星。

# 21. 空调及其运行方式

为了调节室内空气参数和空气品质，空调系统必须向空调房间输送带有新风的冷（或热）空气，为此，必须向空调系统中的空气处理设备以及输送空气和水的动力设备如风机、水泵等输入能量。在夏季，为了制取低温干燥的冷风，需要借助制冷设备提供冷源（冷冻水或者制冷剂）；在冬季，为了制备温风，必须使用空气加热器或者采用热泵方式制暖。如果对室内湿度有要求，还要配备空气加湿系统。这样，在空调运行时，这些设备也将同时工作，从而消耗电能。

空调根据运行方式可分为定速空调和变频空调。定速空调（不变频的，生活中使用的大多数是此类空调）是通过控制压缩机（简单地说，就是对压缩机进行开或关）的运转来制冷或制热，如温度达到设定温度压缩机停止工作，反之就运转。变频空调是通过改变压缩机的转速使制冷或制热量和环境达到一个平衡，在这过程中保持压缩机转速处于最佳的转速状态，从而提高电能利用效率，降低空调能耗（图2-18）。

图2-18　空调

降低空调能耗可从两方面入手：一是降低空调负荷；二是提高空调的能效比（COP），即电能与热量的转换效率，通常能效比越高越省电。

（1）降低空调负荷

通过一定方式减少或增加房间内的热量可以达到降低空调负荷的目的。比如冬季空调需要制热的时候，门窗的密封性及隔热性应该得到保证，通过多层玻璃以及加厚窗帘的方式可以降低房间的冷负荷。再比如夏季可通过在房间放一盆冷水的方式降低房间的热负荷，因为冷水蒸发吸热会带走一部分热量，从而降低空调运行负荷。

（2）提高空调能效比

如何提高空调的能效比？这涉及空调本身结构与控制方式的改进。如上面的变频空调就是提高空调能效比的一种方式。一般包括增加空调设备的换热面积、减少空调管路的阻力以及选用高效的风扇和风机等。

## 22. 电光源及其控制方式

家用照明控制可分为手动控制和自动控制两类。手动照明控制需要人为地操纵开关，才能达到调整光源亮度的目的。自动照明控制利用传感器、运算放大器识别分析电路，取代了手动调光的手动部分，用有关物理量的变化来直接控制照明强度和光源的启闭，因而省去了人为的操作。

自动照明控制主要包括光控调光、声控调光等，可保证合理有效的照明条件，无须人为操纵，减少不必要的耗电量，实现节能。光控调光是按人为规定的照度标准，随时监视环境照度，自动调整光源亮度，它是把光电照明控制与调光技术合为一体的照明控制系统。声控调光是以被控区域内声音强弱或频率高低的变化来控制光源的亮度，是声控照明和调光技术合为一体的照明控制系统。

进入物联网时代，智能照明控制方式慢慢进入家庭（图2-19）。智能照明控制方式是指利用物联网技术、有线/无线通信技术智能化信息处理，以及节能控制等技术组成的分布式照明控制系统，以实现对照明设备的智能化控制，具有灯光亮度的强弱调节、灯光软启动、定时控制、场景设置等功能，还可借助手机、平板等智能移动终端随时随地对现场照明实现远程实时监控和节能管理。智能照明控制与传统照明控制方式主要有以下区别：

图2-19 室内智能照明

（1）传统照明控制

传统照明控制方式具有人为管理的特点，需要家庭成员在离开或者休息前逐个检查每一照明开关；而家用智能照明系统可实现能源管理自动化，通过手机App还可远程实现家里照明电器的开关。

（2）智能照明控制

传统控制采用手动开关，需要一路一路地开或关，对于两个不同区域(不同相线)的回路不能用同一个开关控制，在相对大空间的区域需要众多的面板，影响美观；智能照明控制系统控制功能强、方式多、范围广、自动化程度高，通过实现场景的预设置和记忆功能，操作时只要按一下开关面板上的场景即可启动一个灯光场景(各照明回路不同的亮暗搭配组成一种灯光效果)，各照明回路自动变换到相应的状态。除面板开关以外，还可以配置众多的传感器如红外探测器、光线感应器、信号输入模块等，根据家庭人员活动情况、自然光线强度、其他系统提供的信号源等情况对照明进行智能化控制，让照明的使用效率和使用体验得到提高。

（3）照明节能

传统照明控制方式因为家人忘记关灯或者匆忙没有及时关灯都会导致无效照明并造成能源的大量浪费。智能照明系统基于智能化、自动化管理技术，不仅避免了传统控制方式中出现的忘记关灯而造成的能源浪费；而且为在不同环境中照明被有效利用提供了众多的解决方案，如人员移动感应、恒照度控制、与门禁系统联动等。

# 23. 高效电梯与节能

电梯（图2-20）的能耗主要由电力拖动系统损耗、机械传动系统损耗、照明通风系统损耗等组成。开展电梯的节能降耗工作，可以从以下几个方面着手。

图2-20　电梯

（1）制动电能再利用，减少电力拖动系统损耗

电梯在运转时，驱动电机一般处于拖动耗电或制动发电两种工作状态。当电机处于电动状态，需要消耗电能，将电能转化为机械能，当电梯轻载上行或重载下行，以及电梯接近停靠层处于制动减速状态时，驱动电动机工作会处于制动发电状态下，此状态将机械能转化为电能。目前，这部分制动电能大多采用外接制动电阻消耗的方法，将这部分电能以热量的形式消耗掉，不仅浪费了这部分电能，还会产生大量的热量，导致机房升温，有时候甚至还需要利用空调进行降温，进一步增加了能耗。

为了将这部分制动电能再利用，可以加装电能回馈装置，使制动电能得到利用而不是通过制动电阻发热被消耗。其工作原理是将制动电能存储在变频器直流环节的大电容中，大电容中储存的电能则可以回送给电网，供附近其他用电设备使用，使电力拖动系统在单位时间内消耗的电网电量下降。在采用能量回馈装置后，可实现节电30%以上。

（2）采用新型电力拖动系统，提高电机拖动系统的运行效率

有关测试表明，完成相同的运送量，不同型号的电力拖动系统对电梯的耗电水平影响很大。将传统的交流双速拖动（AC-2）系统改为新型的变频调压调速（VVVF）拖动系统，电能损耗可减少20%以上。

（3）减少机械传动损耗

电梯的曳引机是主要的耗电设备，目前在用的电梯中大部分曳引机采用涡轮、蜗杆减速增力机构，这种电梯曳引机的机械效率仅为74%~78%，耗电量较大。如果采用无齿轮传动方式，将曳引轮安装在电机的转子上直接进行传动，则基本上没有传动损耗，耗电量远远小于有齿轮曳引机，从而达到节能的效果。

（4）错时关闭部分电梯，采用单双层电梯分离，减少不必要的损耗

在工作日的非工作时间以及节假日期间，乘坐电梯的人员较少，电梯利用率明显下降，对于这种情况可以关闭部分电梯，只维持必要数量的电梯运转，以减少电梯不必要的损耗。有并排两部以上电梯的楼房，可以对电梯采取单双层分别运行的方式，一部电梯只到达单层，另一部只到达双层，这样做的好处是可以增加电梯单次运行时间，减小电梯机械磨损次数。并且由于单双层电梯分离，可以有效分解电梯运行负荷，电梯能耗也将明显降低。

# 24. 围护结构与节能

围护结构是指建筑物及房间各面的围护物，通常是指外墙、屋面、外门窗等，起到保温隔热的作用（图2-21）。围护结构的保温隔热性能差，会导致室内的热损失增加，增加室内空调的能耗。因此建筑节能需要提高保温隔热性能，可以从以下几个方面考虑：

图2-21 建筑的围护结构
（外墙、屋面、外门窗）

对于外墙，一方面可以选用低导热系数或高热阻的墙体材料作为外墙，

或是在墙体上涂刷保温涂料，通过降低墙体导热系数、增加热阻来实现隔热保温；另一方面也可以在外墙上增加保温材料，形成复合墙体，起到增加热阻的作用，从而增强墙体的保温隔热性能。

对于外门窗，可以选用保温隔热性能良好的材料作为窗体；在玻璃上粘贴可反射红外线的合成树脂薄膜；在结构上可以采用双层玻璃或中空玻璃结构，也就是通过设置空气间层减小传热系数，提高保温能力。

对于屋面，可以外加保温、隔热性能好的材料制成的保温层；在结构上，可以在屋面设置中空结构，增加屋顶的热阻，提高隔热效果。

# 25. 外遮阳装置与节能

夏热冬冷地区，建筑外窗对室内热环境和空调负荷影响较大，通过外窗进入室内的太阳辐射热几乎不经过时间延迟就会对房间产生热效应。特别是在夏季，太阳辐射直接射入房间，将导致室内环境过热、空调能耗增加。因此，为了阻隔阳光直射，我们需要采用遮阳装置。遮阳的目的是阻断直射阳光透过玻璃进入室内，从而降低外窗太阳辐射造成的空调负荷，降低空调的用电量，实现节能。通常采取的外遮阳措施如下：

卷帘外遮阳（图2-22），常见的有电动卷帘、拉珠卷帘等。卷帘外遮阳是一种有效的遮阳措施，适用于各个朝向的窗户。当卷帘完全放下的时候，能够遮挡住几乎所有的太阳辐射，进入窗户的太阳热量非常少。卷帘适用于多种场所，如商务办公大楼、宾馆、餐厅、办公室、家居

图2-22 卷帘外遮阳

（用作纱帘），尤其适用大面积玻璃幕墙。

活动百叶外遮阳，常见的有升降式百叶帘和百叶护窗等形式。百叶帘既可以升降，也可以调节角度，在遮阳和采光、通风之间达到了平衡，因而在办公楼宇及民用住宅上得到了很大的应用。百叶护窗的功能类似于外卷帘，一般为推拉形式或外开形式，通过调整百叶角度实现遮阳，但是百叶护窗往往

要求在建筑新建时同步建造，成本较高。

遮阳篷遮阳。遮阳篷打开时，帘布在垂直墙面上展开成一定角度，起到遮挡阳光直射进入室内的作用，同时不影响人们从室内向外看的视野。缺点是遮阳篷展开时的抗风性能较差，不适合高层建筑，且遮阳篷不具有保温隔热的作用（图2-23）。

图2-23　遮阳篷外遮阳装置

# 26. 可再生能源与建筑一体化

可再生能源，是指那些随着人类开发和利用，总的数量不会减少，甚至可以得到不断补充，即可以"再生"的能量资源。利用可再生能源代替常规能源，可以减少对于常规能源的使用，从而达到节能减排的目的。可再生能源主要包括太阳能、地热能、风能、水能、潮汐能等，在建筑中得到广泛利用的主要是太阳能和地热能。

图2-24　太阳能与建筑一体化

太阳能可以成为建筑物供热（生活热水、采暖）、空调及照明的主要能源（图2-24）。将太阳能与建筑进行结合，使建筑物的屋面、墙体、外窗等外围护结构成为太阳能集热器或太阳能电池板的附着载体，可以充分利用太阳能，同时不会过分破坏建筑物外观，甚至可以成为很好的建筑景观。将太阳能集热器中获得的太阳辐射热加热水，可用作生活热水、采暖。通过光伏电池板将太阳能转化为电能，可提供空调及照明等生活用电所需的电能。

对地下浅层处的地热能进行开发利用，可用做热泵的热源，并为建筑物提供采暖、空调及生活热水。地下浅层能量的开发利用主要通过地源热泵技术实现。地源热泵技术是利用地表浅层水源、土壤吸收的太阳能而形成的低温热能，采用热泵原理，通过少量的电能输出，实现低位热能向高位热能转移的一种技术。理论上，用1千瓦的电，可以提供多达4.9千瓦的热量。地源热泵系统主要是水路安装及地下工程，地下管道系统铺设在地面以下1.5~2米处，施工完成后，地面可以作为绿地、停车场等，不影响土地的正常使用。地源热泵机组一般安装在独立的机房内。冬季需要采暖时，地源热泵系统通过埋在地下的封闭管道从大地收集自然界的热量，通过压缩机和热交换器把大地的能量集中，并以较高的温度释放到室内。夏季需要降温时，此运行程序则相反，地源热泵系统将从室内抽出的多余热量排入管路而为大地所吸收，使房屋得到供冷。热泵技术可以大大降低采暖空调的电耗，是建造低能耗建筑的技术途径之一（图2-25）。

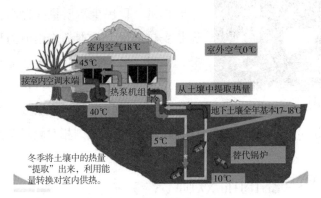

图2-25 热泵技术原理图

# 27. 生活用能的特点

居民生活用能是全社会能源消费中的一个重要组成部分，从用能品种角度来看，可主要分为电力、热力、燃料等几类。从用能形式来分析，可将生活用能主要分为采暖、炊事、热水、照明、家用电器几个部分。此外，城镇和农村居民的生活用能特点也存在很大不同。

炊事、热水用能。气体燃料（包括天然气、煤气、液化石油气）和电力等商品能源是城镇炊事、热水用能的主要来源，而在有些农村，炊事、热水用能的很大一部分是以薪柴、农作物秸秆等为主的非商品能源（图2-26），沼气也在南方部分地

图2-26 有些农村仅用烧柴做饭

区得到使用。

采暖用能。我国地域辽阔，南北气候差异较大，到了冬季北方城镇通常会进行集中供暖，而淮河以南地区冬季则不供暖。直接用作供暖的能源为供热蒸汽或热水，通常是从热电联产电厂、区域锅炉房中生产并送出，经热网管道送至居民用户。过去，北方供暖消耗的能源以煤为主，天然气、燃油、电能等也有不同程度的消耗。但随着环保要求的日益严格，燃煤逐渐退出供暖市场。

图2-27　照明、家用电器耗能

照明、家电用能。随着建设小康社会的不断推进，居民生活质量的提高，无论城镇还是乡村居民，基本都使用电力提供照明服务，同时，各种各样的家电产品也进入了千家万户，在生活用能中的占比也越来越大。乡村居民的家用电器拥有量及使用率相对较低，因此家电的耗能比例在乡村比较低，而在城镇则相对较高（图2-27）。

# 28. 家用电器的能效标识

能效标识又称能源效率标识，是表示产品能源效率等级等性能指标的一种信息标签，在家用电器产品中得到了广泛应用。能效标识目的是为用户或消费者的购买选择提供必要的信息，引导和帮助消费者选择高能效节能产品。

能效标识为蓝白背景，顶部标有"中国能效标识"（CHINA ENERGY LABEL）字样，背部有黏性，要求粘贴在产品的正面面板上。标识的结构可分为背景信息栏、能源效率等级展示栏和产品相关指标展示栏。作为一种信息标识，能效标识直观地明示了用能产品的能源效率等级、能源消耗指标以及其他比较重要的性能指标，而能源效率等级是判断产品是否节能的最重要指标，产品的能源效率等级越低，表示能源效率越高，节能效果越好，越省电。

能效等级是表示家用电器产品能效高低差别的一种分级方法，按照国家标准相关规定，目前中国的能效标识将能效分为1、2、3、4、5共五个等级，等级1表示产品达到国际先进水平，最节电，即耗能最低；等级2表示比较节电；等级3表示产品的能源效率为我国市场的平均水平；等级4表示产品能源效率低于市场平均水平；等级5是市场准入指标，低于该等级要求的产品不允许生产和销售。为了在各类消费者群体中普及节能增效意识，能效等级展示栏用图2-28表现形式来直观表达能源效率

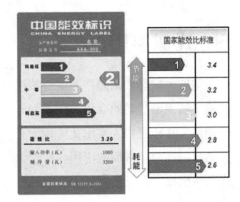

图2-28　能效标识

等级信息：一是文字部分"耗能低、中等、耗能高"；二是数字部分"1、2、3、4、5"。

# 29. 太阳能热水器

我国幅员广大，有着十分丰富的太阳能资源，除了局部地区（如四川、贵州等地）不适合太阳能利用外，大部分地区都适合利用太阳能。太阳能热水器是将太阳辐射能转化为热能的加热装置，将水从低温加热到高温，以满足人们在生活、生产中的热水使用，是应用最为广泛的新能源产品之一。

其工作原理为：阳光穿过吸热管的第一层玻璃照到第二层玻璃的黑色吸热层上，将太阳光的热量吸收，由于两层玻璃之间是真空隔热的，传热将大大减小（辐射传热仍然存在，但没有了热传导和热对流），绝大部分热量只能传给玻璃管里面的水，使玻璃管内的水加热，加热的水沿着玻璃管受热面往上进入保温储水箱，箱内温度相对较低的水沿着玻璃管背光面进入玻璃管补充，如此不断循环，使保温储水箱内的水不断加热，从而达到热水的目的。太阳能热水器系统结构图如图2-29所示。

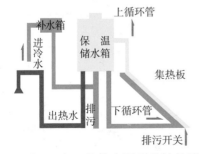

图2-29　太阳能热水器系统结构图

# 30. 光伏家电产品

　　随着国家对太阳能产业的政策扶持，各种利用太阳能技术的生产和应用领域正涌现出蓬勃的商机，一系列光伏产品正逐渐步入人们的生活。太阳能空调系统是已经进入实用化阶段的光伏家电产品之一。太阳能空调系统兼顾供热和制冷两个方面的应用，所谓太阳能制冷，就是利用太阳集热器为吸收式制冷机提供其发生器所需要的热媒水。热媒水的温度越高，则制冷机的性能系数越高，这样空调系统的制冷效率也越高。冬季需制热时太阳能集热器吸收太阳辐射能，传递到保温储水箱中。当储水箱内热水满足要求时，由储水箱向换热设备提供热水，实现太阳能供暖。工作示意图如图2-30所示。

溴锂真空超导（太阳能）采暖、冷暖空调、生活热水系统示意图

溴锂真空超导（太阳能）冷暖空调

全玻璃双层溴锂超导真空管

沐浴热水
生活热水

太阳能热水器　　保温储水箱

溴锂真空超导（太阳能）暖气片

图2-30　太阳能暖通系统

# 第 三 章

# 先进环保技术

# 1. 大气污染物的种类

图3-1　大气污染

排放到大气中的污染物种类繁多，有烟尘、二氧化硫、氮氧化物、有机化合物、氯氟烃、碳氢化合物等（图3-1）。电力、钢铁、水泥、化工等高耗能行业的排放是大气污染物的主要来源。生活中大气污染物主要来自于以下两个方面：

（1）生活炉灶与采暖锅炉

燃料在民用生活炉灶和采暖锅炉的燃烧过程中要释放大量的灰尘、二氧化硫、氮氧化物、一氧化碳等有害物质污染大气。

（2）交通运输

汽车、火车、飞机、轮船是当代的主要运输工具，它们燃烧化石燃料所产生的废气也是重要的污染物。特别是城市中的汽车，量大而集中，汽车排放的废气主要有一氧化碳、二氧化硫、氮氧化物和碳氢化合物等，对人体健康的危害性很大。

# 2. 大气污染及其治理

大气污染是由于人类活动或自然过程引起某些有害物质进入大气中，危害了人体健康、威胁人类生存环境的现象。大气污染物主要有二氧化硫（$SO_2$）、氮氧化物（$NO_x$）、粉尘（如PM2.5）以及臭氧等。二氧化碳虽然不是污染物，但属于温室气体（见后详叙）。

大气污染对人体健康、工农业生产、气候等多个方面都会造成危害，主要体现在以下几个方面：

（1）危害人体健康

大气中的有害物质达到一定浓度后，会直接或间接地对人体造成危害。

比如通过人的呼吸、体表接触而直接侵害人体，对人体的呼吸系统、皮肤黏膜等造成损害；或是附着在食物上或溶于水中，并随食物链而侵害人体，对消化系统造成损害，引起中毒，严重的情况下甚至会致癌。

（2）影响工农业生产

大气污染物对工业的危害主要有两种：一是大气中的酸性污染物，如二氧化硫、二氧化氮等，对工业材料、设备和建筑设施造成腐蚀；二是飘尘增多，会给精密器具、设备的生产、安装调试和使用带来了不利影响。大气污染对农业生产也造成很大危害。大气污染引起的酸雨一方面会直接影响植物的正常生长，另一方面其渗入土壤及进入水体，从而引起土壤和水体酸化、有毒成分溶出，对动植物和水生生物产生毒害，严重的酸雨会使森林衰亡和鱼类绝迹。

（3）给气候带来不良影响

大气中颗粒物浓度增加，会导致大气能见度降低，减少到达地面的太阳辐射量。尤其是在重化工业集中的城市，在烟雾不散的情况下，日光比正常情况减少40%。高层大气中的氮氧化物、碳氢化合物和氯氟烃类等污染物使臭氧大量分解，引发了"臭氧洞"问题。大气中二氧化碳浓度升高会引发温室效应，导致地球气候变暖，给人类的生态环境带来许多不利影响。

大气污染物的治理有以下几种方案（图3-2）：

（1）减少污染气体的排放

如工厂增设脱硫、脱硝和除尘工艺和设备，减少气体污染物和粉尘排放等。

（2）采取集中供热等措施

提高能源利用效率的同时，减少污染物的排放。

（3）植树造林

改善土壤植被条件，减少风吹尘。

图3-2　治理大气污染

（4）鼓励乘坐公共交通工具

既减少交通能源浪费，同时也减少污染物和温室气体等的排放。

（5）区域协同控制

大气污染不是一个城市的问题，在特定的天气条件下污染物会输送到其周边，因此，需要区域协同控制。

# 3. 主要的煤烟型污染物

工业生产过程中，大量使用燃煤锅炉和窑炉，其燃烧排放产物中的污染物又被称为煤烟型污染物。

主要烟煤污染物有以下几种：

（1）二氧化硫（$SO_2$）

二氧化硫是一种常见的和重要的大气污染物，是一种无色有刺激性的气体。二氧化硫主要来源于含硫燃料（如煤和石油）的燃烧，含硫矿石（特别是含硫较多的有色金属矿石）的冶炼、化工、炼油和硫酸厂等的生产过程。

（2）氮氧化物（$NO_x$）

一氧化氮、二氧化氮等氮氧化物是常见的大气污染物质，能刺激呼吸器官，引起急性和慢性中毒，影响和危害人体健康。氮氧化物中的二氧化氮毒性最大，它比一氧化氮毒性高4~5倍。大气中氮氧化物主要来自汽车废气以及煤和石油燃烧产生的废气。

（3）悬浮颗粒物

粉尘、烟雾、PM10、PM2.5（图3-3）。

（4）挥发性有机化合物VOCs

如苯、碳氢化合物、甲醛等。

（5）光化学氧化物

如臭氧（$O_3$）等。

（6）温室气体

如二氧化碳、甲烷、氯氟烃等。

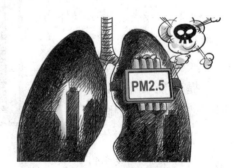

图3-3　PM2.5的污染

# 4. $SO_2$的成因与危害

$SO_2$来源于含硫矿石的冶炼、化石燃料的燃烧、硫酸与磷肥等化工过程中的工业废气以及机动车辆的排气。

　　大气中的$SO_2$主要是人类生产活动中产生的。在冬季采暖期，采暖用家用散烧煤及供热锅炉等也会排放出大量的$SO_2$。大气中的$SO_2$会刺激人们的呼吸道，减弱呼吸功能，并导致呼吸道抵抗力下降，诱发呼吸道的各种炎症，危害人体健康。$SO_2$及其生成的硫酸雾会腐蚀金属表面，对纸制品、纺织品、皮革制品等造成损伤。空气中的$SO_2$还可能形成酸雨，从而给生态系统以及农业、森林、水产资源等带来严重危害（图3-4）。

图3-4　酸雨过后

# 5. NOₓ的成因与危害

　　天然排放的氮氧化物，主要来自土壤和海洋中有机物的分解，属于自然界的氮循环过程。人类生产活动排放的$NO_x$，大部分来自化石燃料的燃烧过程，如汽车、飞机的燃料燃烧及工业窑炉的燃烧过程；也来自生产或使用硝酸的过程，如氮肥厂、有机中间体厂、有色金属冶炼厂等。

　　氮氧化物（$NO_x$）包括NO和$NO_2$，对人体及动物有致毒作用。NO是无色、无刺激性气味的不活泼气体，在大气中的NO会迅速被氧化成$NO_2$，$NO_2$是棕红色有刺激性臭味的气体。$NO_x$可刺激肺部，使人较难抵抗感冒之类的呼吸系统疾病，呼吸系统有问题的人士如哮喘病患者，较易受二氧化氮影响。

　　氮氧化物也会导致酸雨、酸雾的形成，酸雨不仅会对人体造成危害，甚至会造成农作物减产等。氮氧化物（$NO_x$）与碳氢化合物形成光化学烟雾，对生物的危害尤其严重。此外，氮氧化物（$NO_x$）还会进一步对臭氧层造成破坏。

## 6. 燃煤火电机组超低排放

燃煤火电机组超低排放，是指火电厂燃煤锅炉在末端治理的过程中，采用多种污染物高效脱除集成技术，使其大气污染物排放浓度基本达到燃煤机组排放限值，即烟尘、二氧化硫、氮氧化物排放浓度（基准含氧量6%）分别不超过5毫克/立方米、35毫克/立方米、50毫克/立方米，在《火电厂大气污染物

图3-5　燃煤电厂超低排放

排放标准》（GB 13223-2011）中规定的燃煤锅炉重点地区特别排放限值分别下降75%、30%和50%，是燃煤火电机组清洁生产水平的新标杆（图3-5）。

## 7. 典型的烟气脱硫方法

目前，烟气脱硫方法种类众多，按脱硫过程是否加水和脱硫产物的干湿形态，烟气脱硫分为：湿法、半干法、干法三大类脱硫方法。

常用典型的湿法烟气脱硫方法为石灰石(石灰)-石膏法，其原理为：利用石灰石或石灰浆液吸收烟气中的$SO_2$，生成亚硫酸钙，经分离的亚硫酸钙（$CaSO_3$）可以氧化为硫酸钙（$CaSO_4$），以石膏形式回收（图3-6）。湿法脱硫是目前世界上技术最成熟、运行状况最稳定的脱硫工艺，脱硫效率达到90%以上，在众多的脱硫技术中，始终占据主导地位，占脱硫总装机容量的80%以上。此外，氨法脱硫工艺是为了缓解石灰石供应短缺所采用的另一种工艺选择，其主要原理是采用氨作为吸收剂除去烟气中的$SO_2$。

干法烟气脱硫方法是将脱硫剂（如石灰石、白云石或消石灰）直接喷入炉内。以石灰石为例，在高温下煅烧后，石灰石变成多孔的氧化钙颗粒，它和烟气中的$SO_2$反应生成硫酸钙，达到脱硫的目的。干法烟气脱硫技术在钢铁行业中已经有应用于大型转炉和高炉的例子，对于中小型高炉该方法则不太适用。其缺点是脱硫效率较低，设备庞大、投资大、占地面积大，操作要求高。

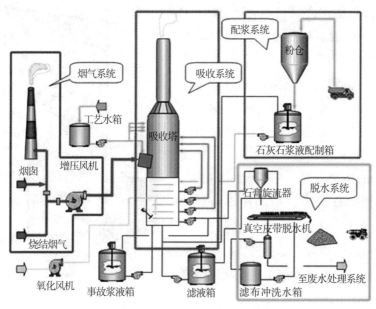

图3-6　石灰石(石灰)—石膏法烟气湿法脱硫系统

　　半干法烟气脱硫方法是介于湿法和干法之间的一种脱硫方法，该方法主要适用于中小锅炉的烟气治理。这种技术的特点是：投资少、运行费用低，脱硫率虽低于湿法脱硫技术，但仍可达到70%，并且腐蚀性小、占地面积少，工艺可靠。工业中常用的半干法脱硫系统与湿法脱硫系统相比，省去了制浆系统，将湿法脱硫系统中的喷入$Ca(OH)_2$水溶液改为喷入$CaO$或$Ca(OH)_2$粉末和水雾。与干法脱硫系统相比，克服了炉内喷钙法$SO_2$和$CaO$反应效率低、反应时间长的缺点，提高了脱硫剂的利用率，且工艺简单，有很好的发展前景。

# 8.分级燃烧与燃烧中脱硝

　　煤粉在燃烧过程中会产生氮氧化物，所生成的氮氧化物主要是NO和$NO_2$，统称$NO_x$。$NO_x$按照生成方式可分为三类，分别为高温下$N_2$与$O_2$反应生成的热力型$NO_x$、燃料中的固定氮生成的燃料型$NO_x$、低温火焰下由于含碳自由基的存在生成的瞬时型$NO_x$。以煤为主要燃料的系统中，燃料型$NO_x$约占60%，其余为热力型$NO_x$，瞬时型$NO_x$生成量很少，可以不做重点关注。

为降低锅炉内煤燃烧后产生$NO_x$污染环境，一般会进行脱硝处理以减少$NO_x$的排放。目前已有的降低$NO_x$排放的方法可分为两类：一是减少在燃烧过程中$NO_x$生成量的低$NO_x$燃烧技术，另一类是降低在烟气中已经生成的$NO_x$的烟气处理法。目前应用较广、技术上相对成熟的低$NO_x$燃烧技术为分级燃烧技术。

分级燃烧属于典型的燃烧中脱硝的方法（图3-7）。煤粉燃烧分成3个区域：一次燃烧区（即主燃烧区）、二次燃烧区（即再燃烧区）、三次燃烧区（即燃尽区）。

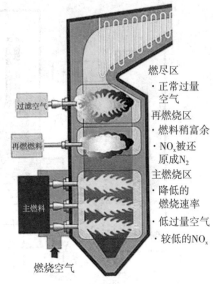

过滤空气

再燃燃料

主燃料

燃烧空气

燃尽区
· 正常过量空气
再燃烧区
· 燃料稍富余
· $NO_x$被还原成$N_2$
主燃烧区
· 降低的燃烧速率
· 低过量空气
· 较低的$NO_x$

图3-7　分级燃烧示意图

分级燃烧将完全燃烧所需的空气量的大约80%~85%供给一次燃烧区，使该区域的燃烧在氧量不足、燃料富集的状况下进行，该区域热力型$NO_x$生成量较少，同时燃料氮生成的中间产物（如HCN、CN等）也会因缺氧而无法氧化成为NO，抑制了燃料型$NO_x$的生成。已经生成的NO还可能在二次燃烧区还原性气氛中还原为分子氮，其结果就减少了$NO_x$的产生量；三次燃烧区的燃尽风（其余空气）送入炉膛时，已经避开了高温火焰区，但可以起到使主燃烧器未燃烧产物燃尽的作用，完成整个燃烧过程。分级燃烧能降低$NO_x$排放量25%~30%。

# 9. 典型的烟气脱硝方法

典型的烟气脱硝方法分为以下几类：

（1）选择性催化还原法脱硝（SCR）

选择性催化还原法脱硝是在催化剂和氧气存在的条件下，采用$NH_3$、CO或碳氢化合物等作为还原剂，将烟气中的NO还原为$N_2$。可以作为SCR反应还原剂的有$NH_3$、CO、$H_2$，还有甲烷、乙烯、丙烷、丙烯等。以$NH_3$作为还原剂时，NO的脱除效率最高（图3-8）。

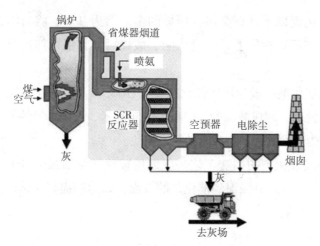

图3-8　火电厂SCR脱硝过程

（2）选择性非催化还原法脱硝法（SNCR）

SNCR是选择性非催化还原，是一种成熟的低成本脱硝技术。该技术以炉膛或者水泥行业的预分解炉为反应器，将含有氨基的还原剂喷入炉膛，还原剂与烟气中的$NO_x$反应，生成氨和水。

（3）湿法烟气脱硝技术

湿法烟气脱硝是利用液体吸收剂将$NO_x$溶解的原理来净化燃煤烟气。其最大的障碍是NO很难溶于水，往往要求将NO首先氧化为$NO_2$。为此一般先将NO与氧化剂$O_3$、$ClO_2$或$KMnO_4$反应，氧化生成$NO_2$，然后$NO_2$被水或碱性溶液吸收，实现烟气脱硝。

# 10. 脱硝催化剂种类

目前，最常用的脱硝催化剂为$V_2O_5$-$WO_3$（$MoO_3$）/$TiO_2$系列，该催化剂基本都是以$TiO_2$为载体，以$V_3O_5$为主要活性成分，以$WO_3$、$MoO_3$为抗氧化、抗毒化辅助成分。催化剂按结构可分为三种：板式、蜂窝式和波纹板式（图3-9）。

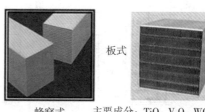

板式

蜂窝式　　主要成分：$TiO_2$　$V_2O_5$　$WO_3$

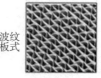

波纹板式

图3-9　催化剂结构类型

板式催化剂以不锈钢金属板压成的金属网为基材，将$TiO_2$、$V_2O_5$等的混合物黏附在不锈钢网上，经过压制、煅烧后，将催化剂板组装成催化剂模块。

蜂窝式催化剂一般为均质催化剂。将$TiO_2$、$V_2O_5$、$WO_3$等混合物通过一种陶瓷挤出设备，制成截面为150毫米×150毫米、长度不等的催化剂元件，然后组装成为截面约为2米×1米的标准模块。

波纹板式催化剂的制造工艺一般以用玻璃纤维加强的$TiO_2$为基材，将$WO_3$、$V_2O_5$等活性成分浸渍到催化剂的表面，以达到提高催化剂活性、降低$SO_2$氧化率的目的。

# 11. 干烟气静电除尘

静电除尘是气体除尘方法的一种。含有粉尘颗粒的气体，在接有高压直流电源的阴极线（又称电晕极）和接地的阳极板之间所形成的高压电场通过时，由于阴极发生电晕放电，气体被电离，此时，带负电的气体离子，在电场力的作用下，向阳极运动，在运动中与粉尘颗粒相碰，则使尘粒荷以负电，荷电后的尘粒在电场力的作用下，亦向阳极运动，到达阳极后，放出所带的电子，尘粒则沉积于阳极板上，而得到净化的气体排出防尘器外（图3-10）。静电除尘的净化效率较高，但是对粉尘的比电阻有一定的要求，不能使所有的粉尘都获得很高的净化效率。

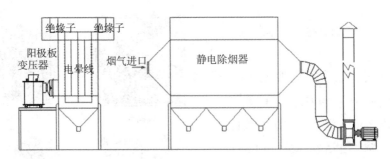

图3-10　静电除尘设备

## 12. 湿烟气除尘

湿烟气除尘是使烟气与液体（一般为水）密切接触，将污染物（如二氧化硫、盐酸雾、烟尘等）从烟气中分离出来。它既能净化烟气中的固体颗粒污染物，也能脱除气态污染物。由于气体和液体接触过程中同时发生传质和传热的过程，因此这种方法既具有除尘作用，又具有烟气降温和吸收有害气体的作用（图3-11）。

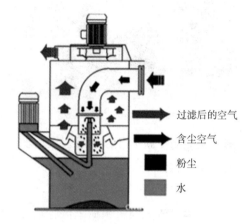

过滤后的空气

含尘空气

粉尘

水

图3-11　湿烟气除尘原理

其优点是设备投资少，构造比较简单；净化效率较高，能够除掉0.1微米（μm）以上的尘粒；设备本身一般没有可动部件，不易发生故障。更突出的优点是，在除尘过程中还有降温冷却、增加湿度和净化有害有毒气体等作用，非常适合于高温、高湿烟气及非纤维性粉尘的处理，亦可净化易燃、易爆及有害气体。

其缺点是：要消耗一定量的水（或液体）；粉尘的回收困难;受酸碱性气体腐蚀，应考虑设备防腐问题；黏性的粉尘易发生堵塞及挂灰现象；冬季需考虑防冻问题；除尘过程会造成水的二次污染。因此，湿法除尘适用于处理与水不发生化学反应、不发生黏结现象的各类粉尘。遇有疏水性粉尘，单纯用清水会降低除尘效率，加入净化剂可大大改善其除尘效果。

## 13. 布袋除尘及静电与布袋联合除尘

织物对含尘气流具有过滤功能，粉尘粒子可以在滤袋上沉降聚集。布袋除尘即利用织物筛滤作用、惯性碰撞作用、拦截作用、重力沉降作用和扩散作用等来实现含尘气体的过滤捕集尘粒（图3-12）。

布袋除尘器的突出优点就是除尘效率高，运行稳定、适应性强，并且可

图3-12 布袋除尘器

以有效捕集对人体危害最大的5微米以下的超细的微小颗粒。在各种除尘设备中其应用数量达到总除尘设备的60%~70%。

静电与布袋联合除尘是基于静电除尘和布袋除尘两种成熟的除尘方法而提出的一种技术。它结合了静电除尘和布袋除尘的优点，除尘效率高，既能满足新的环保标准，还增加了运行可靠性，降低电厂除尘成本。静电与布袋联合除尘的理论已经较为成熟，主要有以下3种联合除尘方式：

（1）"预荷电+布袋"形式

含尘气流先通过预荷电区，在高压电场中，粉尘充分荷电并凝并成较大的粒子，然后由布袋除尘器收集。还可以在布袋除尘器内设置电场，可施加与荷电尘粒极性相同的电场，或施加与荷电尘粒极性相反的电场。极性相同时，电场力与流场力相反，尘粒不断透过纤维层，效率很高，同时由于排斥作用，沉积于滤袋表面的粉尘层较疏松，过滤阻力减小，使清灰变得更容易一些。

（2）"静电—布袋"并列式

这种方式是将1排袋滤器和1组电极相间排列，实现了电除尘与布袋除尘机理的有机融合，它既适用于新建的设备，也适用于老电除尘器的改造。

（3）"静电—布袋"串联式

这种形式的联合除尘方式，前级收尘为电除尘，后级为布袋除尘。这种除尘器特别适用于已投产不达标、场地受到限制的电除尘器的改造，一般情况是保留原电除尘器的前级电场，将后级电场改为布袋除尘。由于不增加原电除尘器的宽度、高度，改造的工作量小，施工周期短，投资可低于单独采用袋式除尘器或电除尘器的费用，性价比高。

# 14. 二噁英的成因与危害

二噁英的成因：① 在对氯乙烯等含氯塑料的焚烧过程中，焚烧温度低

氧气

粉尘

二噁英

氢氧化物

二氧化氮

最容易产生的有害物质

图3-13　二噁英产生方式-燃烧

于800℃，含氯垃圾不完全燃烧，极易生成二噁英（图3-13）。② 其他含氯、含碳物质如纸张、木制品、食物残渣等经过铜、钴等金属离子的催化作用生成二噁英。③ 在制造包括农药在内的化学物质尤其是氯系化学物质，如杀虫剂、除草剂、木材防腐剂、落叶剂，多氯联苯等产品的过程中派生。

二噁英（图3-14）的危害：二噁英属于氯代环三芳烃类化合物，在人体中不能降解不能排出，是对人体健康有很大威胁的环境污染物。它有强烈的致癌性，而且能造成畸形，对人体的免疫功能和生殖功能造成损伤。

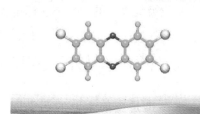

图3-14　二噁英分子结构图

# 15. 垃圾焚烧中如何控制二噁英生成

垃圾焚烧中控制二噁英生成主要有如下几种方式：

（1）控制来源

垃圾成分对于二噁英生成十分重要。因此应对垃圾进行分类回收。避免氯和重金属含量高的物质直接焚烧。还可以尝试将原生垃圾中富含氯的聚氯乙烯（PVC）去除，以减少二噁英生成的氯源等。

（2）采用"3T+E"控制法抑制二噁英的产生

垃圾在焚烧炉内充分燃烧是减少二噁英生成的根本所在，"3T+E"控制法是国际上普遍采用的方法，即保证焚烧炉出口烟气的足够温度、烟气在燃烧室内停留足够的时间、燃烧过程中适当的湍流和过量的空气。主要包括：选用合适的炉膛与炉排结构，使垃圾得以充分燃烧，控制烟气中CO浓度低于60 mg/m³；控制炉膛、二次燃烧室、进入余热锅炉前温度不低于

850℃，停留时间不少于2秒，余热锅炉出口氧浓度控制在6%~10%之间；缩短烟气在处理和排放过程中处于200~700℃温度区域的时间，控制余热锅炉的排烟温度不超过250℃。

（3）提升净化效果

由于大量二噁英以飞灰态排放，因此可以尝试选用新型布袋除尘器，并在进入布袋除尘器的烟道上设置活性炭等反应剂喷射装置，进一步吸附二噁英。配备可靠的全套自动控制系统，使焚烧过程与净化工艺配合良好、准确联动；通过分类或者预分拣，控制垃圾中氯和重金属含量高的物质；对飞灰按标准要求严格进行稳定化和无害化处理；在满足标准要求的基础上，提升排放烟囱的高度，尽量稀释排放的烟气。再配以严格的监测、管理系统，便可控制垃圾焚烧厂的二噁英达标排放。

# 16. 水体污染物有哪些?

水污染是当前主要的污染问题之一（图3-15）。水体污染物主要有：

（1）硫化物、无机酸碱盐（如氯化物、硫酸盐、酸、碱）等无机有害物。

（2）氟化物、氰化物的无机有毒化学物质及汞、砷、铬、铝、镉等重金属元素。

图3-15　水体污染

（3）钾、铵盐、磷、磷酸盐等植物营养源。

（4）氨基酸、蛋白质、碳水化合物、油类、脂类等耗氧有机物。

（5）苯类、酚类、有机磷农药、有机氯农药、多环芳烃等有毒有机物。

（6）寄生虫、细菌、病菌等微生物污染。

（7）铯、钚、锶、铀等放射性污染物。

污水水质指标，即各种受污染水中污染物质的最高容许浓度或限量阈值的具体限制和要求，是判断水污染程度的具体衡量尺度。国家对水质的分析和检测制定有许多标准，一般来说其指标可分为物理、化学、生物三大类。

物理性指标主要包括：温度、颜色和色度、嗅和味、浑浊度和透明度。

化学性指标主要包括：pH、重金属和植物营养元素和有机化合物。

生物性指标主要包括：细菌总数和大肠杆菌。

综合性指标主要包括：化学需氧量（COD）、五日生化需氧量（BOD）、悬浮物（SS）、总氮（NT）、氨氮（NH3-N）、总磷（PT）。

# 17. 水体污染治理

水体污染治理（图3-16）有如下几种方式：

（1）定期进行水体污染源调查

根据水源污染的类型进行定期调查，要实地观察，收集排污资料，将污水排放口的水样委托当地卫生防疫或环保部门进行分析，并预测污染发展的趋势。

（2）加强水源上游水质监测

监测项目主要选择对水源有影响的指标，可以选择反映水的感官性状的如浊度、色度、臭味、肉眼可见物等指标、反映有机物污染指标、反映细菌污染的微生物指标等以及富营养化的加上藻类与浮游生物等指标，开展连续监测。

（3）依法治理污染源

水源污染防治是一项关系人民身体健康的民心工程，对影响水源水质

治理前　　　　　　　　　　治理后

图3-16　水体污染治理

的污染源要依法治理，要依据国家颁布的法律法规，紧密依靠当地政府、环保、卫生等部门有效地对污染源进行治理。

（4）减少和消除污染源排放的废水量

首先可采用新工艺，减少甚至不排废水，或者降低有毒废水的毒性。其次重复利用废水。尽量采用重复用水及循环用水系统，使废水排放减至最少或将生产废水经适当处理后循环利用。

# 18. COD含量高有什么危害

化学需氧量（COD）是英文Chemical Oxygen Demand的缩写。它是用以表征废水特性的一项综合指标。COD值是用标准方法，即在酸性介质中用重铬酸盐（如高锰酸钾、重铬酸钾）为氧化剂将所有污染物氧化所消耗的总氧量，是评定水质污染程度的重要综合指标之一。

COD含量越高意味着水体的污染越严重。在对其进行水处理时，COD高就会增加水处理工艺的负荷，对于工艺要求也相应地提高。如果没有水处理时，那么该水体就意味着有严重的污染情况，水体自净过程中会自发地降解COD。

COD的自发降解时需要耗氧，而水体中的富氧能力不满足要求时，水中溶解氧的含量降为0，水体处于厌氧状态，此时，水体就会发黑、发臭（厌氧微生物看起来很黑，有硫化氢气体生成）。

说到底，高浓度COD废水进入自然水体，破坏水体平衡，造成除微生物外几乎所有生物的死亡，进一步影响周边环境。同样，生活在这种环境下的人体健康必然受到影响。

# 19. 水体污染治理中的物理方法

水体污染治理中有如下几种物理方法：

（1）筛滤法

该法是根据过滤手段处理废水的方法。当废水通过带有微孔的装置或者通过某种介质组成的滤层时，悬浮颗粒被阻挡和截留下来，废水得到一定程度的净化。一般含悬浮物多的废水常用这种方法处理。

筛滤的布置方式有：① 在水泵之前或废水渠道内设置带孔眼的金属板、金属网、金属栅，过滤水的漂浮物和各种固体杂质，有用的截留物可用水冲洗回收。 ② 在过滤机上装帆布、尼龙布过滤水中较细小的悬浮物，如造纸、纺织废水中的微粒、细毛等。③ 以石英砂为介质的过滤池能滤除0.2毫米以上的颗粒和悬浮物。这种过滤方式多用于处理含油废水。

（2）重力法

重力法是利用废水中悬浮颗粒自身的重力与水分离的一种方法，密度大的颗粒靠其重力在水中自然沉降，可以与水分离，密度较小的悬浮物靠浮力在水中自然上升。也可以与水分离（图3-17）。

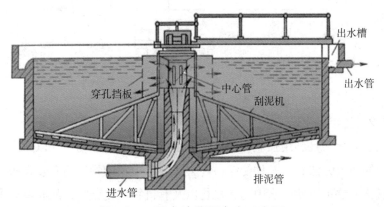

图3-17　重力法处理废水示意图

利用重力处理废水的设备有多种形式，如沉淀池、浓缩池、隔油池等。选矿厂废水中的矿石微粒，洗煤场废水中的粉煤，肉类加工厂和皮革厂废水中的有机悬浮物，石油化工厂废水中的浮化油等都可以利用重力作用，使其沉降或上浮加以分离。用沉降和上浮法处理废水，不仅可使水得到一定程度的净化，而且便于回收。

# 20. 水体污染治理中的化学方法

化学方法就是利用化学反应的原理及方法来分离回收废水中的污染物，或改变它们的性质，使其无害化、低毒化的一种处理方法。其中应用较多的

有化学混凝法、化学氧化法、电化学氧化法等。

（1）化学混凝法

化学混凝法就是通过向废水中投加混凝剂，使得细小的污染物质和不稳定的胶体相结合形成较大的物质，使较大颗粒慢慢沉淀，从而达到去除的效果（图3-18）。

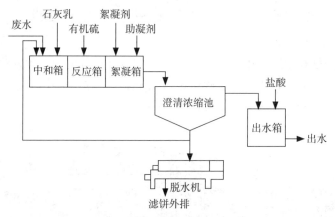

图3-18　化学混凝法处理废水

（2）化学氧化法

化学氧化法是利用强氧化剂氧化分解废水中的污染物质，以达到净化废水目的的一种方法，是一种能够最终去除废水中污染物质的有效方法。采用化学氧化方法可以使废水中的无机物以及有机物氧化分解，从而降低了废水的COD，并能使废水中含有的部分有毒有害物质无害化。

（3）电化学氧化法

电化学氧化法是指在电流的作用下，在阳极和电解质溶液界面上发生反应物粒子失去电子的氧化反应、在阴极和电解质溶液界面上发生反应物粒子与电子结合的还原反应的电化学过程。电化学的氧化原理分为两类：一种是直接氧化，即让污染物直接在阳极失去电子而发生氧化，在含氰化物、含酚、含醇、含氮的有机废水处理中，直接电化学氧化发挥了十分有效的作用；另一种则是间接氧化，即通过阳极反应生成具有强氧化作用的中间产物或发生阳极反应之外的中间反应来氧化污染物，最终达到氧化降解污染物的目的。

# 21. 水体污染治理中的生物方法

### （1）生物化学法

生物化学法指通过微生物处理含重金属废水，将可溶性离子转化为不溶性化合物而去除。硫酸盐生物还原法是一种典型生物化学法，该法是在厌氧条件下，硫酸盐还原菌通过还原作用将硫酸盐还原成硫化氢，废水中的重金属离子可以和硫化氢反应生成浓度很低的硫化物沉淀而被去除。利用家畜粪便厌氧消化技术进行酸性矿山废水中重金属离子的处理也是一种能有效去除废水中重金属的生物化学法。

### （2）生物絮凝法

生物絮凝法是利用微生物产生的代谢物进行絮凝沉淀的一种除污方法。微生物絮凝剂是一类由微生物产生并分泌到细胞外，具有絮凝活性的代谢物。一般由多糖、蛋白质、DNA、纤维素、糖蛋白、聚氨基酸等高分子物质构成，分子中含有多种官能团，能使水中胶体悬浮物相互凝聚沉淀。应用微生物絮凝法处理废水安全方便无毒、不产生二次污染、絮凝效果好，且生长快、易于实现工业化。此外，微生物可以通过遗传工程、驯化或构造出具有特殊功能的菌株，因而微生物絮凝法具有广阔的应用前景。

### （3）生物吸附法

生物吸附法是利用生物体本身的化学结构及成分特性来吸附溶于水中的金属离子，再通过固液两相分离去除水溶液中金属离子的方法。有些细菌在生长过程中释放出的蛋白质，能使溶液中可溶性的重金属离子转化为沉淀物而去除。生物吸附剂具有来源广、价格低、吸附能力强、易于分离回收重金属等特点，已经被广泛应用。

# 22. 常用的水处理方法

### （1）沉淀过滤法

这是一种最原始的过滤方法，它依靠水中微粒杂质的自身重量下沉以达到分离的目的。常用于水中杂质颗粒较大的场所，如江河湖水的初步自然澄清过滤。

（2）蒸馏法

蒸馏法（图3-19）是一种为了去除水中不可挥发的含钙镁离子等可溶性杂质的方法。首先加热含杂质的水，待水沸腾后继续加热。水会发生汽化变为水蒸气，由于杂质不能变成气态跑出，便留在蒸发容器内达到除杂的目的。

图3-19　蒸馏法

（3）薄膜微孔过滤法

薄膜微孔过滤法包括三种形式：深层过滤、表面过滤、筛网过滤。

① 深层过滤是以编织纤维或压缩材料制成的基质，利用惰性吸附或是捕捉方式来留住颗粒，如常用的多介质过滤或砂滤。深层过滤是一种较为经济的方式，可去除98%以上的悬浮固体，同时保护下游的纯化单元不会被堵塞，因此通常作为预处理。

② 表面过滤则是多层结构，当溶液通过滤膜时，较滤膜内部孔隙大的颗粒将被留下来，并主要堆积在滤膜表面上，如常用的PP纤维过滤。表面过滤可去除99.9%以上的悬浮固体，所以也可作为预处理或澄清用。

③ 筛网滤膜基本上具有一致性的结构，就像筛子一般，将大于孔径的颗粒，都留在表面上（这种滤膜的孔量度是非常精准的），如超纯水机终端使用的保安过滤器。筛网过滤一般被置于纯化系统中的最终使用点，以去除最后残留的微量树脂片、炭屑、胶体和微生物。

（4）活性炭吸附法

活性炭（图3-20）可以利用其吸附和过滤作用去除水中的异色、异味、余氯、残留消毒物等有机物杂质。

（5）电渗析

图3-20　活性炭

渗析是一种物理现象。如将两种不同浓度的盐水，用一张渗透膜隔开，高浓度盐水中的溶质（如无机盐离子）通过膜向浓度低的盐水中渗透，这个现象就是渗析。这种渗析是由于含盐浓度不同而引起的，称为浓差渗析。因为是以浓度差作为推动力，扩散速度始终是比较慢的。如果要加快这个速度，就可以在膜的两边加一直流电极。电解质在电场的作用下，会加快迁移的速度，这就称为电渗析。该技术已广泛用于各种工业废水的处理以及其他的化工过程。

（6）离子交换（IX）法

离子交换法的原理是将原水中的无机盐阴阳离子（如钙离子$Ca^{2+}$、镁离子$Mg^{2+}$、硫酸根$SO_4^{2-}$、硝酸根$NO_3^-$等）通过与离子交换树脂发生作用，使水中的阴、阳离子与树脂中的阴阳离子相互交换，从而使水得到软化或纯化。

（7）超过滤（UF）法

微孔薄膜是依其过滤孔径的大小来去除微粒，而超滤（UF）薄膜则像一个分子筛，它的孔径只有几纳米到几十纳米，让溶液通过极微细的孔，以达到分离溶液中不同大小分子之目的。

（8）反渗透（RO）法

反渗透法是一种高新膜分离技术。它是以压力为推动力，利用反渗透膜只能透水而不能透过溶质的特性，从含有各种无机物、有机物、微生物的水体中，提取纯水的物质分离过程。反渗透膜的孔径小于1纳米（1纳米等于$10^{-9}$米），具有极强的筛分作用，其脱盐率高达99％，除菌率大于99.5％。可去除水中的无机盐、糖类、氨基酸、细菌、病毒等杂质。现已广泛应用于海水的淡化处理、纯净水的生产、超纯水的制备及其他以细菌、热原、胶体、微粒和有机物为去除目的的先进工艺。

（9）紫外线（UV）、臭氧灭菌法

紫外灯放射出波长为254毫米的紫外线可以有效杀菌，因为细菌中的DNA及蛋白质会吸收紫外线而导致死亡。

（10）EDI法

EDI法是一种新的去离子水处理方法，又称为连续电除盐技术。EDI装置将离子交换树脂夹在阴/阳离子交换膜之间形成EDI单元。这种方法不需再用酸碱对树脂进行再生，环保性好。现已广泛应用。

# 23. 固体污染物的种类

固体污染物是指在生产、生活和其他活动过程中产生的丧失原有利用价值或者虽未丧失利用价值但被抛弃或者放弃的固体、半固体物质以及法律、行政法规规定纳入废物管理的物品、物质。主要包括固体颗粒、垃圾、炉渣、污泥、废弃的制品、破损器皿、残次品、动物尸体、变质食品、人畜粪便、重金属以及危险固体废物等。各类生产活动中产生的固体废物俗称废渣；生活活动中产生的固体废物则称为垃圾。固体废物的种类很多，通常将固体废物按其性质、形态、来源划分种类。按其性质可分为有机物和无机物，如秸秆、人畜粪便、水、泥等；按其形态可分为固体（块状、粒状、粉状）和泥状；按其来源可分为矿业、工业、城市生活、农业和放射性等；固体废物还可分为有毒和无毒两大类。有毒有害固体废物是指具有毒性、易燃性、腐蚀性、反应性、放射性和传染性的固体、半固体废物。固体废物处理技术涉及物理学、化学、生物学、机械工程等多种学科，固体废物在填埋和投弃海洋之前尚需进行无害化处理。目前在我国城市中，开始倡导对生活垃圾的分类置放，就是为了便于分类处理、减轻废物对环境的污染风险。

# 24. 固体污染物的治理方法

（1）分选技术

固体污染物的分选是利用物料的某些性质方面的差异，例如污染物中磁性和非磁性、粒径尺寸大小等，将其分选开来，从而将有用的和有害的物料分选出来加以利用和处理。

（2）压实技术

压实是一种通过对废物实行减容化，降低运输成本、延长填埋场寿命的预处理技术。压实是一种普遍采用的固体废弃物预处理方法。如汽车、易拉罐、塑料瓶等，通常优先采用压实处理。适于压实减少体积处理的固体废弃物还有垃圾、松散废物、纸带、纸箱及部分纤维制品等。对于焦油、污泥或液体物料，一般不宜做压实处理。

（3）破碎技术

为了使进入焚烧炉、填埋场、堆肥系统中待处置废弃物的外形尺寸减小，预先必须对固体废弃物进行破碎处理。经过破碎处理的废物，由于消除了大的空隙，不仅使尺寸大小均匀，而且质地也均匀，方便后续处理。固体废弃物的破碎方法很多，主要有冲击破碎、剪切破碎、挤压破碎、摩擦破碎等，此外还有专用的低温破碎和湿式破碎等。

（4）固化处理技术

固化处理技术指的是通过向废弃物中添加固化基材，使有害的固体废弃物固定在惰性固化基材上的一种无害化处理过程。这样的固化产物可直接在专用的填埋场处置，也可用作建筑的基础材料或道路的路基材料。

（5）焚烧和热解技术

焚烧法是固体废弃物高温分解和深度氧化的综合处理过程。可以将大量有害的废料分解成无害的物质。热解是将有机物在无氧或缺氧条件下高温（500~1 000℃）加热，使之分解为气液固三类产物，比起焚烧法，热解法更加全面。

（6）生物处理技术

生物处理技术是利用微生物对有机固体污染物进行分解，从而将有机固体废物转化为能源、食品、饲料和肥料等，是固体污染物资源化的有效技术方法。

# 25. 垃圾焚烧炉炉渣处理

焚烧残渣是在垃圾焚烧过程中产生的炉渣、漏渣、锅炉灰和飞灰的总称。城市生活垃圾焚烧处理厂的残渣主要包括两部分：焚烧炉产出的炉渣和除尘器收集的飞灰。焚烧灰渣中含有一定数量的重金属物质，若不加以妥善处理将对环境造成污染。

图3-21　垃圾焚烧示意图

焚烧残渣一般可以用作建筑材料，可以制成建筑材料的轻骨料、地砖、墙砖等，在替代传统的建筑填料方面更具有较大的潜力市场。

## 26. 典型化工行业污染物

化工行业在生产中会产生大量污染物，按照污染物的形态可以分为固体污染物、液体污染物以及气体污染物。

（1）固体污染物

化工行业固体废物的来源主要是废催化剂、废吸（脱）附剂、污泥、油泥、残渣、废树脂、化工废渣（图3-22）、废沥青等。

图3-22 固体废物示意

（2）液体污染物

液体废物主要是指有害的液体废弃物，包括高浓度液态的废酸、废碱以及富含固体污染物、需氧污染物、营养性污染物、酸碱污染物、有毒性污染物的废水。化工废水随意排放会造成巨大危害（图3-23）。

图3-23 工业废水示意

（3）气体污染物

石油化工企业排放二氧化硫、硫化氢、二氧化碳、氮氧化物；磷肥厂排出氟化物；酸碱盐化工企业排出的二氧化硫、氮氧化物、氯化氢及各种酸性气体；有些化工企业还会排放硫氧化物、氰化物、一氧化碳、硫化氢、酚、苯类、烃类等（图3-24）。化工行业生产过程排放污染物的组成与化工企业的生产流程和工艺技术密切相关。

图3-24 工业废气示意

## 27. 危险固体废弃物的种类

危险固体废弃物是指列入《国家危险废物名录》或者根据国家规定的危

险废物鉴别标准和鉴别方法认定的具有危险特性的固体废物。包括具有腐蚀性、毒性、易燃性、反应性或者感染性的一种或者几种危险特性，可能对环境或者人体健康造成有害影响，需要按照危险废物进行管理的固体废弃物。

危险固体废弃物有以下几种类型：

（1）剧毒物质

指具有非常强烈毒性危害的化学物质，包括人工合成的化学品及其混合物和天然毒素，且其在固体废物中总含量≥0.1%。在化工废渣（反应釜底料、滤饼渣、废催化剂）中常含有大量的有毒、剧毒物质。

（2）有毒物质

经吞食、吸入或皮肤接触后可能造成死亡或严重健康损害的物质，且其在固体废物中总含量≥3%。

（3）致癌性物质

可诱发癌症或增加癌症发生率的物质，且其在固体废物中总含量≥0.1%；如垃圾焚烧时产生的二噁英等。

（4）致突变性物质

可引起人类的生殖细胞突变并能遗传给后代的物质，且其在固体废物中总含量≥0.1%。如核电行业中使用的放射性物质及其开采冶炼过程中产生的废物。

（5）生殖毒性物质

对成年男性或女性性功能和生育能力以及后代的发育具有有害影响的物质，且其在固体废物中的总含量≥0.5%。

# 28. 危险固体废弃物的处置方法

危险固体废弃物有以下几种处置方法：

（1）填埋法

土地填埋是最终处置固体废物的一种方法，此方法包括场地选择、填埋场设计、施工、填埋操作、环境保护及监测、场地利用等几个方面。其实质是将固体废物铺成有一定厚度的薄层，加以压实，并覆盖土壤。这种处理技术在国外得到普遍应用。我国自20世纪60年代以后，固体废物填埋技术不断

地改进。特别是近年来该项技术有了很大的发展，从简单的倾倒、堆放，发展到卫生填埋和安全填埋等，使处理质量有了显著的提高。

（2）固化法

固化法是将水泥、塑料、水玻璃、沥青等凝结剂同危险固体废物混合并进行固化，使得污泥中所含的有害物质封闭在固化体内不浸出，从而达到稳定化、无害化、减量化的目的。

（3）化学法

化学法是一种利用危险废物的化学性质，通过酸碱中和、氧化还原以及沉淀等方式将有害物质转化为无害最终产物的处理方法。

# 29. 土壤重金属超标及其危害

土壤无机污染物中以重金属的危害比较突出，主要是由于重金属不能为土壤微生物所分解，且易于积累，转化为毒性更大的甲基化合物，对土壤造成严重危害（图3-25）。

图3-25　重金属超标

土壤重金属污染物主要有汞、镉、铅、铜、铬、砷、镍、铁、锰、锌等，砷虽不属于重金属，但因其危害与重金属相似，故通常列入重金属类进行讨论。就满足植物生长的需要而言，金属元素可分为2类：① 植物生长发育不需要的元素，而对人体健康危害比较明显，如镉、汞、铅等。② 植物正常生长发育所需元素，且对人体又有一定生理功能，如铜、锌等，但过多会造成污染，妨碍植物生长发育。

# 30. 土壤修复的方法

土壤修复法分为土壤物理修复法、化学修复法和生物修复法。具体有以下几种常用方法：

（1）直接换土法

用未受到污染的土壤替换掉已受污染的土壤。主要工艺有直接全部换土、地下土置换表土层、部分换土法、覆盖新土降低土壤污染物浓度法。

（2）热解吸修复技术

以加热方式将受有机物污染的土壤加热至该有机物沸点以上，使吸附土壤中的有机物挥发成气态后再分离处理。

（3）化学淋洗

借助能促进土壤环境中污染物溶解或迁移的化学/生物化学溶剂，在重力作用下或通过水头压力推动淋洗液注入被污染的土层中，然后再把含有污染物的溶液从土壤中抽提出来，进行分离和污水处理的技术。

（4）植物修复

运用农业技术改善土壤对植物生长不利的限制条件，使之适于种植，并通过种植优选的植物及其根际微生物直接或间接吸收、挥发、分离、降解污染物，恢复重建自然生态环境和植被景观。

# 第 四 章

# 应对气候变化与碳减排

## 1. 什么是温室效应

温室效应是指空间隔层对投射辐射选择性透射、吸收和反射造成的热量聚集、温度升高的现象（图4-1）。对于地球大气而言，太阳投射的短波辐射可以透过大气射入地面，而地面物体发出的长波辐射却被大气所反射，从而产生地球变暖的温室效应。我们都见过玻璃花房和塑料大棚，室外是冰天雪地，室内却温暖如春。这也是温室效应，太阳光中的可见光透过玻璃、塑料，将光能转变为热能，使房间里增温变热，并为室内植物提供有利的生长条件。

图4-1 温室效应

## 2. 什么是温室气体

温室气体指的是在大气中能产生温室效应的一些气体，如水蒸气、二氧化碳、大部分制冷剂等。温室效应会使地球表面变得更暖，并产生一系列危及人类生存和发展的后果。在1997年于日本京都召开的联合国气候变化框架公约第三次缔约方大会中所通过的《京都议定书》，明确针对六种温室气体进行削减，包括：二氧化碳（$CO_2$）、甲烷（$CH_4$）、氧化亚氮（$N_2O$）、氢氟碳化物（HFCs）、全氟碳化物（PFCs）及六氟化硫（$SF_6$）。

## 3. 二氧化碳（$CO_2$）的温室效应

近百年来，一方面，随着经济迅速发展，煤、石油、天然气的消耗量惊人地增长，它们燃烧后生成大量的二氧化碳；另一方面，由于自然灾害和人为的乱砍滥伐，地球上能吸收二氧化碳的森林却不断减少，这就导致大气中二氧化碳的含量呈上升的趋势。

而大气圈内的二氧化碳如同温室的玻璃一样，能透射太阳辐射，同时使地面吸收太阳光转化来的热能不易散失，从而提高地球表面的平均气温。

图4-2　$CO_2$的温室效应

二氧化碳本身的温室效应并不显著，但由于其总量巨大，对全球升温的贡献也最大。

这种主要由二氧化碳导致的全球变暖的现象称为$CO_2$的温室效应（图4-2）。

# 4. 化石燃料与碳排放

化石燃料也称矿石燃料，是一种由烃或烃的衍生物组成的混合物，主要是指煤炭、石油和天然气等。它们是由有机物和植物在地下分解而形成的、具有不可再生属性的资源。

化石燃料的燃烧是最常见的能源利用方式，燃煤火力发电、冶金和水泥生产过程中都大量使用燃煤。化石燃料在燃烧过程中，碳与氧结合会生成大量的二氧化碳，并成为全球变暖的主要原因之一（图4-3）。

图4-3　工厂是主要的碳排放源

碳排放是关于温室气体排放的一个总称。因为温室气体中最主要的气体是二氧化碳，因此用碳代表温室气体，虽然并不准确，却便于民众理解温室气体，亦即可以将"碳排放"理解为"二氧化碳排放"。

多数科学家和政府承认温室气体已经并将继续成为地球和人类的灾难，所以"碳减排""碳中和"这样的行为就成为容易被大多数人所理解和接受、并成为应对气候变化的文化基础。

自工业革命以来，因化石燃料的大规模使用，人类社会的生产力大大提高，但随之引起大气污染、雾霾和全球气候变暖等一系列严重问题，"碳减排"逐渐成为全世界各国的共识。

# 5. 使用1千瓦时电排放了多少"二氧化碳"或"碳"

### （1）折算标准煤

由于煤炭的种类（如无烟煤、烟煤、褐煤等）不同，其单位质量的燃煤在完全燃烧条件下发热量差异极大，在15 000~29 000千焦/千克之间大幅度变化。为了便于比较，规定发热值为29 307千焦/千克的煤为标准煤，这样，任何种类燃煤的实物量吨（t），均可以折算为不同质量的标准煤

图4-4　燃煤排放二氧化碳

（tce），例如，100吨发热值为15 000千焦/千克的燃煤，可以折算为：

15 000/29 307 × 100=51.18吨标准煤（tce）。

### （2）碳排放系数

国家发改委能源研究所推荐：标准煤的碳（C）排放系数（吨/吨标准煤）为0.67。

同样，上例中发热值为15 000 千焦/千克的100吨燃煤在完全燃烧条件下的碳排放量为：

15 000/29 307 × 1 00 × 0.67=34.29吨。

### （3）二氧化碳排放量

1吨碳燃烧后能产生大约3.67吨二氧化碳。这是因为C的分子量为12，$CO_2$的分子量为44，所以，1吨碳可以产生44/12=3.67吨二氧化碳。

对燃煤火力发电厂而言，根据相关统计数据，我国燃煤火电厂的平均供电标准煤耗率为0.4千克/千瓦时，即每1千瓦时电消耗0.4千克标准煤，相应地，每1千瓦时电产生0.4×0.67=0.268千克碳，相应地排放了0.268×3.67=0.984千克二氧化碳。

## 6. 汽油的分类及其燃烧的碳排放

汽油是对分子含碳量在5～8的一类烷烃的通称。汽油具有较高的辛烷值（抗爆震燃烧性能），并按辛烷值的高低分为90号、93号、95号、97号等牌号。这些数字代表汽油的辛烷值，也就是代表汽油的抗爆性，与汽油的清洁无关。所谓"高标号汽油更清洁"纯属误导。根据BP中国碳排放计算器提供的资料：节约1升汽油=减排2.3千克"二氧化碳"=减排0.627千克"碳"。

## 7. 柴油的分类及其燃烧的碳排放

柴油是轻质石油产品，复杂烃类（碳原子数10～22）混合物。为柴油机燃料。主要由原油蒸馏、催化裂化、热裂化、加氢裂化、石油焦化等过程生产的柴油馏分调配而成；也可由页岩油加工和煤液化制取。分为轻柴油（沸点范围180～370℃）和重柴油（沸点范围350～410℃）两大类。广泛用于大型车辆、铁路机车、船舰。同车用汽油一样，柴油也有不同的牌号。柴油按凝点分级，轻柴油有5号、0号、–10号、–20号、–35号、–50号六个标号，重柴油有10号、20号、30号三个牌号。根据BP中国碳排放计算器提供的资料：节约1升柴油=减排2.63千克"二氧化碳"=减排0.717千克"碳"。

## 8. 电源结构及其碳排放

发电厂按其使用能源划分有几种类型：一是火力发电厂，利用燃料中（煤、石油及其制品、天然气等）化学能发电；二是水力发电厂，利用水的势能发电；三是核能发电厂，利用核裂变能发电；还有风力发电和光伏发电等。

以上几种方式的发电厂中，只有火力发电厂是燃烧化石燃料并产生二氧化碳（图4-5）发电方式。我国是以燃煤火力发电为主的国家，全国煤炭消费总量的49%用于发电。所以，我国不同省、市、自治区的电源结构差异较大，相应的，不同区域电力的碳排放因子也不相同。

图4-5　火电厂排放出较多二氧化碳

# 9. 全球变暖现象

由于化石燃料（如煤炭、石油、天然气）以及薪柴燃料燃烧时，会产生大量的二氧化碳等温室气体，但同时，植物、海洋也在消纳二氧化碳等温室气体。当两者平衡时，大气中二氧化碳等温室气体的浓度基本稳定。

温室效应自地球形成以来便一直存在并起作用，如果没有温室效应，地球表面就会寒冷无比，温度就会降到-20℃，海洋就会结冰，生命也难以维持。然而，随着人们过度消耗化石燃料，导致因二氧化碳的产生与消纳失衡，大气中二氧化碳浓度不断攀升，引发全球气候变暖和极端气象频发等现象。

在很长的历史时期中，全球平均温度变化总体很小，地-气系统处于准平衡状态。但从最近100年的观测来看，气候系统变暖毋庸置疑。根据政府间气候变化专门委员会（IPCC）第五次评估报告，20世纪50年代以来一半以上的全球地表平均温度升高。由于人类活动过程中使用化石燃料，大气中二氧化碳浓度已经从1750年的278毫升/立方米增长到2018年的410毫升/立方米。过去百年温室气体浓度增速达到了过去2.2万年以来前所未有的水平（图4-6）。这些人为增加的温室气体导致气候系统正在不断地、加速地偏离气候平衡态。据观测，1880~2012年全球平均温度升高了0.85℃。

图4-6　化石燃料燃烧排放温室气体

## 10. 海平面上升的后果

海平面上升指由全球气候变暖、极地冰川融化、上层海水变热膨胀等原因引起的全球性海平面上升现象（图4-7）。20世纪以来全球海平面已经上升了10~20厘米，海平面上升会淹没一些低洼的沿海地区，使沿海地区洪涝灾害加剧、沿海低地和海岸受到侵蚀、水质受到污染及农田盐碱化等。美国《环境与资源评论年

图4-7 全球变暖引发海平面上升

刊》上研究报告称，21世纪初以来，全球海平面已上升约6厘米，如果在适度的排放下，根据不同的分析对全球海平面上升幅度的预测是：到2100年为43~85厘米，到2150年为83厘米至1.65米，2300年则为1.83~4.27米。

## 11. 极端天气频发

极端天气气候事件是指一定地区在一定时间内出现的历史上罕见的气象事件，总体可以分为极端高温、极端低温、极端干旱、极端降水等几类。世界气象组织统计显示，2011~2016年在《美国气象学会通报》上发表的131项研究中，有65%的研究发现极端天气事件发生的概率受人类活动影响显著。人类碳排放活动造成的全球变暖使得某些极端高温天气出现的概率增加了10倍以上（图4-8）。

图4-8 全球变暖使得高温天气频发

## 12. IPCC是一个什么机构

IPCC全称是联合国政府间气候变化专门委员会，是评估气候变化的国际机构。IPCC由世界气象组织（WMO）和联合国环境规划署（UNEP）于1988年建立，旨在为决策者定期提供针对气候变化的科学基础、其影响和未来风险的评估，以及适应和缓和的可选方案（图4-9）。

图4-9　联合国政府间气候变化专门委员会（IPCC）

IPCC的评估为各级政府制定与气候相关的政策提供了科学依据，是联合国气候大会—联合国气候变化框架公约（UNFCCC）谈判的基础。评估具有政策相关性，但不具政策指示性：或许它们根据不同情景和气候变化的风险做出了未来气候变化的预测，讨论了可选响应方案的意义。

## 13. IPCC报告结论触目惊心

2018年10月8日，联合国政府间气候变化专门委员会（IPCC）在韩国仁川发布了《IPCC全球升温1.5℃特别报告》（以下简称《报告》）（图4-10），以及《报告》的"决策者摘要"。

IPCC在《报告》中表示，与将全

图4-10　IPCC报告

球变暖限制在2℃相比，限制在1.5℃对人类和自然生态系统有明显的益处，同时还可确保社会更加可持续和公平。

报告称，科学家们认为：升温1.5℃会导致陆地上出现更多酷热天气，尤其是在热带地区；在高海拔、东亚和北美东部等地区，将出现更多极端风暴。升温1.5℃可能会破坏全球陆地上约13%的生态系统；增加许多昆虫、植物和动物灭绝的风险；而将升温限制在1.5℃以内可将风险降低一半。如果升温2℃，植物、昆虫、动物和海洋生物都将远离当前理想的栖居地。

《报告》强调了将全球变暖限制在1.5℃而不是2℃或更高的温度，可以避免一系列气候变化影响。例如，到21世纪末，气温升高2℃比升高1.5℃，海平面会高出约10厘米。这种变暖可能引发地球主要冰盖的崩塌，每升高1℃，空气中就会多吸收7%的水分，这意味着会有更多的降雨，尤其是在大风暴期间。升高1.5℃，世界14%人口将遭受酷热；升高2℃，世界37%人口将遭受酷热，升高2℃后将出现更加常见的酷热。关键的人口中心都将发生极端变暖现象，包括北美、地中海和亚洲大片地区。热浪杀死的人，会比任何其他类型的自然灾害都多。升高1.5℃，全世界将有3.5亿人遭受干旱；升高2℃，全世界将有4.11亿人遭受干旱。相比于1.5℃，在2℃下，地中海地区将出现特别强烈的干燥现象。升高1.5℃，将损失6%的昆虫、8%的植物、4%的脊椎动物；升高2℃，将损失18%的昆虫、16%的植物和8%的脊椎动物。升高1.5℃，全球将会失去70%的珊瑚；升高2℃，大约99%的珊瑚将从地球消失。升高2℃后，全球作物产量预计将大量降低，依赖农业、畜牧业的地区将受到重大打击，尤其是在撒哈拉以南的非洲、东南亚、中美洲和南美洲。

# 14. 应对气候变化需要各国联合行动

独木难以成林，合作才有未来。地球是人类共同的家园，应对气候变化，需要凝聚各方共识，开展国际合作，共同应对。人类正面临严峻的气候变化危机，已经没有时间再徘徊等待，需要抓紧行动起来，唯有各国携手同心，才能实现人类的可持续发展。世界各国依据各自的特点，出台了相关政策措施。主要经验和做法是：

（1）为应对气候变化立法或制定政策

欧盟在应对气候变化立法走在了前头，并于2003年通过排污交易计划指令；英国于2008年通过《气候变化法案》，成为第一个为应对气候变化立法的国家；德国则重视可再生能源，并颁布多项法令促进可再生能源的发展；美国通过《美国清洁能源与安全法案》以应对气候变化。

（2）利用市场机制推进温室气体减排

世界碳排放权交易市场可分为两类：一类是依据配额的交易。在"限量与贸易"体制下购买那些由管理者制定、分配的减排配额。另一类是基于项目的交易。发达国家通过联合实施项目向其他一些国家购买减排单元。

（3）开展技术研究开发与创新

碳捕集与储存是碳减排的研究重点。碳捕集对削减温室气体的作用可能大于提高能源效率或发展核电厂的作用。煤炭、石油等高碳能源利用中脱碳和提高效率是另一个研究方向。

# 15. 从《京都议定书》到《巴黎协定》

2005年2月16日，《京都议定书》正式生效。这是人类历史上首次以法规的形式限制温室气体排放。为了促进各国完成温室气体减排目标，议定书允许采取以下四种减排方式：

（1）两个发达国家之间可以进行排放额度买卖的"排放权交易"

即难以完成削减任务的国家，可以花钱从超额完成任务的国家买进超出的额度。

（2）以净排放量计算温室气体排放量

即从本国实际排放量中扣除森林所吸收的二氧化碳的数量。

（3）可以采用绿色开发机制

鼓励发达国家通过向发展中国家转移低碳能源技术和碳减排技术，从而获得碳减排配额，以实现发达国家的减排目标和承诺，达到双赢。

（4）可以采用集团方式

即欧盟内部的许多国家可视为一个整体，采取有的国家削减、有的国家增加的方法，在总体上完成减排任务。

《巴黎协定》其实是一个关于人类如何应对气候问题的由多个国家参与的协定。《巴黎协定》是抗击气候变化的第一项全球协定，要点如下：

（1）目标

将全球平均气温较工业化前水平升高的幅度控制在2℃之内，并承诺"尽一切努力"使其不超过1.5℃，从而避免"更灾难性的气候变化后果"。

（2）法律形式

所通过的协定具有法律约束力，但相关决议和各国减排目标不具备法律约束力。但针对各国承诺的调整机制是具有法律约束力的，目的是保证协定得到履行。《联合国气候变化框架公约》196个缔约方中有187个提交了本国2020年生效的抗击气候变化的承诺方案，将每五年上调一次。其余国家必须提交承诺方案才能成为协定的缔约方。每个国家都要承诺采取必要措施，并可利用市场机制（如排放量交易）来实现目标。各国应每五年上调一次承诺，以便随着时间的推移而提高目标，保证将气温升幅控制在2℃以下的目标得以实现。

（3）执行

不会有惩罚，但会有一个透明的后续跟踪机制，以保证全世界都能言出必行，在期限来临之前提醒相关国家是否走在执行协定的道路上。

# 16. 我国的主要承诺

我国认为气候变化是全球性的挑战，没有任何国家能够置身事外。《巴黎协定》的成果来之不易，凝聚了国际社会最广泛的共识，为全球合作应对气候变化进程明确了进一步努力的方向和目标。《巴黎协定》所倡导的全球绿色、低碳、可持续发展的大趋势与中国生态文明的概念是相符的，作为巴黎协定的重要缔约方，中国对巴黎气候协定做出以下承诺：① 加强节能，提高能效，争取到2030年单位GDP的$CO_2$排放比2005年下降60%；② 大力发展可再生能源与核能，争取到2030年非化石能源占一次能源消费比重达到20%左右；③ 大力增加森林碳汇，争取到2030年森林蓄积量比2005年增加45亿立方米；④ 大力发展绿色经济，积极发展低碳与循环经济、研发推广气候友好技术。

# 17. 碳排放总量控制与产业结构转型升级

中国政府承诺将于2030年左右使碳排放达到峰值并争取尽早实现。要实现碳减排的承诺，进行产业结构转型升级是我国绿色和低碳发展的必然选择。产业结构的转型及优化，是指产业结构逐渐向着更加科学化、合理化及高端化的方向发展，推动我国经济从原有的粗放型向集约型转变，从劳动密集型向资本技术密集型产业经济发展，从产品的低附加值向产品的高附加值转变。通过产业结构的优化升级实现低碳经济，可以从以下几个方面着手：

（1）改造传统高耗能产业

首先是要优化电力、钢铁、化工、建材、交通等高碳产业的能源结构，促进这些产业的上、下游产业进行"低碳化"发展；其次是要调整高碳产业的结构，通过科技进步逐步使得高碳产业尤其"重化工业"逐步走向中高端，成为国民经济新的增长点。

（2）大力推广能效技术

传统的钢铁工业、机械制造业、建材产业等化工业还处于快速发展期，为了发展低碳经济，就需要提高相关行业的能源利用率，主要包括淘汰落后产能、推广先进节能技术、优化产品结构和能源结构，实现清洁生产和以资源化为核心的循环经济模式。

（3）大力发展新型低碳产业，积极开发和应用低碳技术

大力发展新能源、节能环保、先进制造、生物医药等战略性新兴产业；积极开发和应用低碳技术，主要包括太阳能、风能等可再生能源的开发和应用；积极推动传统能源清洁高效利用技术的开发和应用；大力发展以生态碳汇为核心的二氧化碳捕集及其资源化利用技术的开发和应用等（图4-11）。

图4-11 发展低碳经济，开展产业结构转型升级

（4）建立排放交易市场机制

建立碳交易市场，引入投资资本，进行科学的环境容量规划，对温室气体的排放进行有效的确权，构建新型的碳资产的资本体系，使得碳市场能够有效建立，为碳资产的市场定价及自由流通提供可能。

（5）建立健全相关法律制度体系

为了更好地实现低碳经济发展的目标，必须从高碳能源的高效清洁利用、低碳能源的规模化利用、碳捕集及其资源化利用着手，制定完善的配套政策和法律体系，确保产业结构更快地实行转型发展，推动落后高耗能产能及工艺的淘汰，坚决关闭一批能耗高的落后产能，推动技术创新和能源改造，促进能源使用效率的提高，更好地推动我国经济及社会的健康发展。

# 18. 什么是碳源

碳源是指向大气中释放碳的过程、活动或机制。通俗地说，碳源是指产生二氧化碳的本源。自然界中的碳，一部分来源于自然，大部分来源于人类活动。

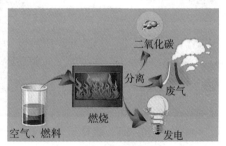

图4-12　主要的碳排放源

碳源主要分为两类：一是自然界中碳源，主要是海洋、土壤、岩石与生物体；二是工农业生产和居民生活，其中，工农业生产是最主要的碳排放源（图4-12）。

# 19. 什么是碳汇

碳汇，是指通过植树造林、森林管理、植被恢复等措施，利用植物光合作用吸收大气中的二氧化碳，并将其固定在植被和土壤中，从而减少温室气体在大气中浓度的过程、活动或机制（图4-13）。

图4-13　绿色植物光合作用

通俗地说，碳汇是指自然界中碳的贮存体，表示自然界吸收并储存二氧化碳的能力。

碳汇也分为两类：一是生态碳汇，主要是指土地植被、森林、江河湖海和湿地等消纳二氧化碳的生态资源；二是工程碳汇，主要是指碳捕集、储存和再利用等，如燃煤火电机组的胺吸收法碳捕集、二氧化碳压缩存储以及二氧化碳的资源化利用等。

# 20. 森林碳汇

生态系统是重要的碳汇资源库，包括森林碳汇（图4-14）、耕地碳汇、海洋碳汇等（图4-15）几类。

图4-14　森林碳汇　　　　　　　　图4-15　海草床碳汇

森林碳汇是指森林的储碳功能。通过植树造林、加强森林经营管理、减少毁林、保护和恢复森林植被等活动，吸收和固定大气中的二氧化碳。

耕地碳汇是指利用农作物通过光合作用吸收二氧化碳，合成有机物，将碳固定在作物体内的过程和机制；海洋碳汇是将海洋作为一个特定载体吸收大气中的二氧化碳，并将其固化的过程和机制。

# 21. 燃烧前的碳减排技术

燃烧前的碳减排技术主要是指在燃烧前将二氧化碳从燃料中分离出去，从而减少燃料在燃烧过程中产生的二氧化碳。典型的应用是整体煤气化联合循环发电（IGCC）技术，由煤的气化与净化部分和燃气-蒸汽联合循环发电部分组成。

IGCC的工艺过程如下：煤首先进入气化炉经气化成为中低热值煤气（CO、H$_2$），经除尘、脱硫等净化工艺后与水发生水煤气变换反应，使煤气中CO与水蒸气发生反应生成CO$_2$、H$_2$，变换后的煤气中CO$_2$浓度较高，因此可以采用较低的能耗进行CO$_2$分离吸收，H$_2$占分离CO$_2$后的气体的绝大部分，用于燃烧发电（图4-16）。

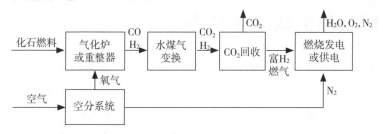

图4-16　IGCC系统燃烧前的CO$_2$分离与回收

# 22. 燃烧中的碳减排技术

燃烧中的碳减排技术包括富氧燃烧技术和化学链燃烧等技术。

富氧燃烧技术（图4-17）是通过空分制氧技术，将空气中大比例的氮气脱除，直接采用高浓度的氧气与部分抽回烟气的混合气体来代替空气用于助燃，这样得到的烟气中含有高浓度的二氧化碳气体，方便直接进行处理和封存。

化学链燃烧（图4-18）技术的基本原理是燃料不直接与空气接触燃烧，而是以载氧体在空气反应器、燃料反应器之间的循环交替反应来实现燃料的

图4-17　富氧燃烧炉

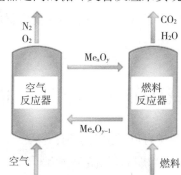

图4-18　化学链燃烧原理图

燃烧。在燃烧反应器中，金属氧化物与燃料发生还原反应，吸收热量，并生成二氧化碳和水蒸气，被还原的金属颗粒再回到空气反应器，与空气中的氧气发生氧化反应，放出热量。这样的技术与传统燃烧相比，可以通过冷凝分离出高浓度的二氧化碳，实现了二氧化碳与其他废气的分离，并且避免了燃料型氮氧化物的生成。

# 23. 燃烧后的碳减排技术

燃烧后的碳减排技术包括物理吸收法、化学吸收法、吸附法、膜分离法。

（1）物理吸收法

利用溶剂分子的官能团对不同分子的亲和力不同而有选择性的吸收气体。典型物理吸收法包括聚乙二醇二甲醚法（Selexol法）和低温甲醇法（Rectisol法）。

（2）化学吸收法

利用$CO_2$为酸性气体，以弱碱性物质进行吸收，然后加热使其解吸，从而达到脱除$CO_2$的目的。

主要化学吸收剂：烷基醇胺、热钾碱溶液。

（3）吸附法

通过吸附体在一定的条件下对$CO_2$进行选择性地吸附，然后通过恢复条件将$CO_2$解析出来，从而达到分离$CO_2$的目的。

（4）膜分离法

在一定条件下，利用某些聚合材料制成的膜对气体渗透的选择性把$CO_2$和其他气体分离开。

# 24. 我国碳减排的主要措施

碳减排有以下主要措施：

（1）常规能源的高效化利用

通过结构节能、技术节能和管理节能等手段，提高常规能源的能量转化效率，是碳减排的重要手段。提高能效可以在相同产出的情况下，降低常规能源的消费量。

（2）清洁能源的规模化利用

清洁能源替代常规能源是碳减排的核心举措。主要包括以下措施：一是发展以水能、太阳能、风能以及核能为代表的非碳能源；二是发展以高参数大容量超低排放燃煤火电技术为代表的洁净煤技术。

（3）碳消纳及其资源化利用

碳汇建设是碳减排的主要手段。特别是生态碳汇建设，如植树造林等，不仅是碳减排的手段，而且是生态环境保护的主要举措，社会和经济效益明显（图4-19）。

图4-19　植树造林

（4）以节能促减排

淘汰高耗能、高污染的落后技术及产能，大力发展新能源、资源回收、节能材料等低能耗、低污染的低碳产业。

# 25. 富氧燃烧与传统燃烧方式的区别

与用普通空气燃烧相比，富氧燃烧（图4-20）有以下优点：

图4-20　富氧燃烧火焰前后对比

（1）高火焰温度和黑度

在常规空气助燃的情况下，无辐射能力的氮气所占比例很高，因此烟气的黑度很低，影响了烟气对锅炉辐射换热面的传热。富氧助燃技术因氮气量减少，空气量及烟气量均显著减少，故火焰温度和黑度随着燃烧空气中氧气比例的增加而显著提高，进而提高火焰辐射强度和强化辐射传热。一般富氧浓度在26%～31%时最佳。

（2）加快燃烧速度，促进燃烧安全

燃料在空气中和在纯氧中的燃烧速度相差甚大，如氢气在纯氧中的燃烧速度是在空气中的4.2倍，天然气则达到10.7倍左右。故用富氧空气助燃后，不仅使火焰变短，提高燃烧强度，加快燃烧速度，获得较好的热传导，同时也有利于燃烧反应完全。

（3）降低燃料的燃点温度和减少燃尽时间

燃料的燃点温度随燃烧条件变化而变化。燃料的燃点温度不是一个常数，如一氧化碳在空气中为609 ℃，在纯氧中仅388 ℃，所以用富氧助燃能提高火焰强度、增加释放热量等。

（4）减少燃烧后的烟气量，减小锅炉体积

随着富氧空气中含氧量的增加，理论空气需要量减少，烟气量减少。采用纯氧燃烧时烟气量减少近80%，故可以采用体积更小的锅炉和辅助设备，减少工程造价。

（5）减少污染物排放

富氧燃烧烟气量减少，使燃烧废气中的污染物浓度增加，可使废气处理更有效率。同时$N_2$减少可减少热力型$NO_x$生成量。

（6）有利于$CO_2$的捕获

富氧燃烧可使烟气中的$CO_2$浓度大幅度提高，有利于$CO_2$的捕捉。

但同时富氧燃烧还面临很多问题：

（1）运行控制方面

由于富氧燃烧，炉膛温度很高，需要采取措施（如烟气再循环）降低炉膛温度。需要进一步了解富氧燃烧点火、火焰稳定性、耐腐蚀、传热的问题。

（2）污染物控制方面

由于燃烧环境变化，将改变污染物的形成，因此需要更多相关研究。污染物的变化将影响现有污染物控制装置。在$CO_2$捕捉与封存之前需要对其他污染物进行脱除。

（3）CCS的成本问题

超临界和超超临界机组采用CCS，会使电厂效率降低。氧气的分离和净化需要消耗大量的能量。

# 26. 高碳能源及其低碳化利用

高碳能源是指碳（C）元素排放比例系数较高的一类燃料能源，例如煤炭及石油等均属于高碳能源。

目前，我国正处于工业化发展阶段，产业结构是以高能耗、低效率、重污染的重化工业为主。化石能源不仅占主导地位，而且是以煤炭为主，化石能源的特点和可再生能源的现状决定了煤炭在相当长时期仍将占据主导地位。就我国而言，能源消费结构以煤为主（约70%），它既是主要的能源，又是重要的化工原料（图4-21）。

煤炭

图4-21 化石能源是我国目前的主要能源

化石能源的碳排放系数都很高。其中煤炭的碳排放系数约为2.66吨二氧化碳/吨标准煤，石油为2.02吨二氧化碳/吨石油。根据碳排放系数可知：煤炭是化石能源中碳排放系数最高的。因此，煤炭作为含碳最高的高碳能源，如何实现它的低碳化利用是必须要正视的问题。

化石能源的资源禀赋是另一个必须关注的问题。化石能源的储采比是指：年末剩余储量除以当年产量得出剩余储量按当前生产水平尚可开采的年数，这是反映该化石能源资源禀赋的主要指标。

世界的煤炭储采比是120年，而中国是41年。这充分表明，尽管我国煤炭的储采比相对于石油和天然气最大，但从世界的范围看却并不丰富，节约用煤也是我国的一项长期任务。

我国已提出大力发展可再生能源与核能，争取2020年非化石能源占一次能源消费比例达到15%左右。

低碳经济的核心则是低碳能源技术，其基础是传统的化石能源高效洁净的利用和可再生能源等新能源的替代，即构建低碳型新能源体系。低碳能源技术的实质就是能源的洁净、高效、廉价开发和利用，包括可再生能源与新能源、煤炭能源的洁净化利用及温室气体排放与处理技术等多个方面。

# 27. 低碳能源与低碳经济

图4-22　低碳能源

低碳能源，是替代高碳能源的一种能源类型，它是指二氧化碳等温室气体排放量低或者零排放的能源产品，主要包括核能和一部分可再生能源等（图4-22）。

从能源消费的演进规律来看，我们正在经历一条从可再生能源，到煤炭、石油与天然气，再到环境友好的低碳能源的发展路径。

以薪柴燃料为代表的早期可再生能源，是生产力水平低下，人类被动地顺应自然的结果；随着科学技术的进步，人们发明了蒸汽机、发明了电灯，化石能源的大规模利用，极大地解放了生产力，引起了第一次和第二次工业革命，人类文明也发展到崭新的高度；当人类进入信息化和数字化时代，人们开始思考并尝试构建人与自然的和谐关系，发展环境友好的低碳能源势在必行。

党的十八大以来，我国推动创新、协调、绿色、开放、共享五大发展理念，其中，科技创新驱动和绿色可持续发展对于我国推进的能源革命具有重要的影响。

太阳能、风能、水能、核能是无碳能源，其中，太阳能、风能和水能在规模化应用中需要提升其转换效率，以便降低其增量成本（如光伏和风电等相对于燃煤发电增加的一部分成本）；核电需要提高其运行安全可靠性，降低核废料处置风险等。

生物质能是第四大能源,数量大、种类多。生物质高效转化与规模化应用技术发展迅速,以农作物秸秆为例,就有直接燃烧、成型燃料、气化液化等多种多样的技术路线。

可见,可再生能源以及核能等新能源的规模化应用需要科技支撑。

低碳经济除了低碳能源的广泛应用之外,还包含低碳经济在可持续发展理念指导下,通过技术创新、制度创新、产业转型、新能源开发等多种手段,尽可能地减少煤炭、石油等高碳能源消耗,减少温室气体排放,达到经济社会发展与生态环境保护双赢的一种经济发展形态。

低碳经济除了大力发展上述低碳能源外,经济发展方式的转变是核心。以往经济发展具有投资和能源驱动等特征,通过规模扩张实现经济增长,后果是造成经济发展与生态环境矛盾尖锐。新时代高质量发展要求转变经济发展方式,依靠科技创新驱动发展,依靠科技创新的增值服务获取经济价值,依靠大数据、云平台、物联网、人工智能等新技术,创造新的业态和经济模式。低碳经济任重道远。

# 28. 无碳能源

无碳能源是指在产生能量的过程中没有碳原子的参与,不会产生二氧化碳的能源,如风力发电、水力发电、光伏发电、核能发电等(图4-23)。

图4-23 无碳能源:风能、太阳能

此外,氢能也是一种重要的无碳能源。甲烷催化裂解制氢是一种非碳的制氢方法,甲烷在裂解制氢过程中不产生任何有害物质排放。其主要产物氢气属于无碳能源,氢气在产生能量的过程中没有任何二氧化碳的排放。

无碳能源存在巨大的发展潜力,但也有一些不得不面对的难题:

(1)从经济角度来看,无碳能源替代高碳能源,最直接的前提是,生产和使用新能源的成本要略高于或等于高碳能源的成本。然而,当前我国新

能源中，除了核能、水电等少数大规模运用的能源外，其他形式的新能源都存在成本偏高、技术落后和配套设施跟不上的问题。

（2）如何让高碳能源有效退出，也是我们必须要考虑的问题。退出过快，将引起能源荒；退出太慢，又和新能源撞车。经验表明，项目上马容易拆除难。目前，我国正处于工业化鼎盛时期，能源消耗巨大，特别是煤炭、石油的消耗量每年在增长，甚至还出现阶段性"煤荒、电荒"。而其下游产业以及地方经济对石油、煤炭的依赖性都很高，如果对高碳能源急"刹车"，很容易造成能源产业危机，影响经济增长。

（3）我国新能源发展还得解决未来新能源产业的机制问题。包括，配套设施建设滞后，造成主设施完工却闲置，比如风力发电；"三快"（投入快、见效快、回报快）能源产业投资多、项目多，规划不合理，后患无穷。

# 29. 水力发电的特点

水力发电（图4-24）的优缺点如下：

优点：

（1）水力发电效率高达90%以上。

（2）单位输出电力成本低。

（3）发电过程启动快，数分钟内可以完成发电启动。

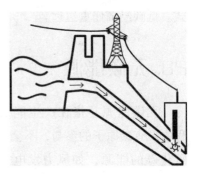

图4-24　水力发电示意

缺点：

（1）因地形上的限制无法建造太大的容量。单机容量为300兆瓦左右。

（2）建厂周期长，建造费用高。

（3）因设于天然河川或湖沼地带，易受风水的灾害，电力输出易受气候影响。

（4）建厂后不易增加容量。

# 30. 太阳能发电的特点

太阳能发电（图4-26）的优缺点如下：

优点：

（1）太阳能资源取之不尽、用之不竭。照射到地球上的太阳能总量要比人类目前消耗的能量大6 000倍。太阳能在地球上分布广泛，只要有光照的地方就可以使用光伏发电系统，不受地域、海拔等因素的限制。

（2）太阳能资源随处可得，可就近供电，避免了长距离输电线路所造成的电能损失。

（3）光伏发电的能量转换过程简单。光伏发电直接从光能到电能，没有中间过程（如热能转换为机械能、机械能转换为电磁能等）和机械运动，可靠性高。

（4）光伏发电本身不消耗燃料。光伏发电不排放包括温室气体和其他废气在内的任何物质，不污染空气，不产生噪声，对环境友好，不会遭受能源危机或燃料市场不稳定而造成的冲击，是真正绿色环保的新型可再生能源。

图4-25 太阳能发电

（5）光伏发电过程不需要冷却水，可以安装在没有水的荒漠戈壁上。光伏发电还可以很方便地与建筑物结合，构成光伏建筑一体化发电系统，不需要单独占地，可节省宝贵的土地资源。

（6）光伏发电维护简单，运行稳定可靠。一套光伏发电系统只要有太阳能电池组件就能发电，加之自动控制技术的广泛采用，基本上可实现无人值守，维护成本低。

（7）光伏发电系统工作性能稳定可靠，使用寿命长（30年以上）。晶体硅太阳能电池寿命可长达20～35年。在光伏发电系统中，只要设计合理、选型适当，蓄电池的寿命也可长达10～15年。

（8）光伏发电系统建设周期短，可以根据用电负荷容量灵活配置，极易组合、扩容。

缺点：

太阳能光伏发电也有它的不足和缺点，归纳起来有以下几点。

（1）能量密度低。

（2）占地面积大。

（3）转换效率低。

（4）间歇性工作。

（5）受气候环境因素影响大。

（6）地域依赖性强。

（7）系统成本高。

（8）晶体硅电池的制造过程高污染、高能耗。

# 31. 风力发电的特点

风力发电（图4-27）的优缺点如下：

优点：

（1）风能为可再生能源，清洁环保。

（2）风能设施日趋进步，大量生产降低成本。

（3）风能设施多为非立体化设施，可保护陆地和生态。

缺点：

（1）风力发电在生态上的问题是可能干扰鸟类。如美国堪萨斯州的松鸡在风车出现之后已渐渐消失。

（2）在一些地区，风力发电的经济性不足。许多地区的风力有间歇性特点，必须配合压缩空气等储能技术协同应用。

图4-26　风力发电

# 32. 节能环保是应对气候变化的有效途径

节约能源就是利用管理或技术方法，提高能源利用效率，减少能源损失和浪费。节约能源贯穿于各类能源的生产、输送和消费各个环节，是我国能源革命的重点和关键。节约能源，提高能源利用效率，不仅可以减少温室气体排放，也有利于降低新能源的使用成本，已经成为我国社会经济高质量发展的主要标志。

环境保护就是利用管理或技术方法，保护大气、水和土地等环境资源，以便更好地满足人类生存和发展的需求。环境保护既是我国生态文明建设的主要内容，又具有显著的生态碳汇效益，也是我国应对气候变化的主要承诺之一。

　　我国正处于社会经济高质量发展的新时代，致力于构建人类命运共同体，在应对气候变化的过程中，需要承担比较多的责任和义务，需要大力发展和壮大节能环保产业。

　　节能环保产业是战略性新兴产业，是科技创新、服务创新和模式创新的重点领域。面对严峻的挑战和难得的发展机遇，我国节能环保产业高质量发展之路任重而道远。